名前	16進表現	色
DimGray	#696969	
DodgerBlue	#1E90FF	
FireBrick	#B22222	
FloralWhite	#FFFAF0	
ForestGreen	#228B22	
Fuchsia	#FF00FF	
Gainsboro	#DCDCDC	
GhostWhite	#F8F8FF	
Gold	#FFD700	
Goldenrod	#DAA520	
Gray	#808080	
Green	#008000	
GreenYellow	#ADFF2F	
Honeydew	#F0FFF0	
HotPink	#FF69B4	
IndianRed	#CD5C5C	
Indigo	#4B0082	
Ivory	#FFFFF0	
Khaki	#F0E68C	
Lavender	#E6E6FA	

名前	16進表現	色
LavenderBlush	#FFF0F5	
LawnGreen	#7CFC00	
LemonChiffon	#FFFACD	
LightBlue	#ADD8E6	
LightCoral	#F08080	
LightCyan	#E0FFFF	
LightGoldenrodYellow	#FAFAD2	
LightGray	#D3D3D3	
LightGreen	#90EE90	
LightPink	#FFB6C1	
LightSalmon	#FFA07A	
LightSeaGreen	#20B2AA	
LightSkyBlue	#87CEFA	
LightSlateGray	#778899	
LightSteelBlue	#B0C4DE	
LightYellow	#FFFFE0	
Lime	#00FF00	
LimeGreen	#32CD32	
Linen	#FAF0E6	
Magenta	#FF00FF	

裏見返しへ続く

HTML5
エッセンシャルブック

日向 俊二●著

本書で取り上げられているシステム名／製品名は、一般に開発各社の登録商標／商品名です。本書では、™および®マークは明記していません。本書に掲載されている団体／商品に対して、その商標権を侵害する意図は一切ありません。本書で紹介しているURLや各サイトの内容は変更される場合があります。

はじめに

　HTMLは、いわゆるホームページを作成するための言語として登場しました。しかし、インターネットの普及とともに飛躍的に発展し、HTML5になって動画を配信したりアプリを開発するツールとしても利用できるほど強力なものになりました。

　本書では、HTML5の基本的な重要事項を解説し、HTML5で新たに導入された重要な事項を含めてリファレンスとして活用できるようにHTML5の要素を簡潔にまとめて掲載します。本書をリファレンスとしていつも手元に置いて、必要に応じて必要な個所を見るという使い方もできますし、時間があるときに目を通しておくと、プラグインなどを使わずにHTML5でできることを知ることができます。

　本書はさまざまな層の人々に役立つでしょう。HTML5の全体像を把握したい初心者、HTML5より前のHTMLをこれまで使っていたWebデザイナ、そして、ツールを使ってホームページやモバイルアプリケーション開発を行っているものの、背後でなにが行われているか知りたい人、あるいは、ツールでは解決できない問題に取り組みたいユーザーにとって役立ちます。さらに、テキストエディタなどでHTMLページを作成・編集しているデザイナやプログラマにとって、いつでも必要な情報を参照できるリファレンスとして利用できるように構成しました。

　なお、実務上、HTML5の強力なパワーを効果的に利用するためには、JavaScriptやCSS（Cascading Style Sheets）を併用することが不可欠です。本書ではJavaScriptとCSSをHTML5と共に活用するために必要な基礎についても掲載します。一方で、本書執筆時点で実装が安定していないものや、名前にベンダープリフィックスが付けられているものなど、近い将来に変わることが想定されているものについてはほとんど触れていません。いいかえると、本書の内容は現在も将来も環境の違いに影響されずに利用できる技術であり、本書の範囲内で

記述すれば、多くのユーザーエージェントで将来にわたって安定した動作が期待できる可能性が高いといえるでしょう。

　HTML5 ドキュメントを作成したり編集するときに役立つツールの中には、必要なときにタグや属性名、属性値の候補などを表示してくれる便利なツールがあります。HTML5 および関連仕様がまだ完全にはフィックスしていないので現時点で完ぺきなものはまだありませんが、仕様や実装の現状をよく認識していれば十分に活用できます。その種のツールをカーナビならぬプログラミングナビゲーションシステムとして利用すれば、HTML5 と CSS、Java、SVG などを楽しく活用できるでしょう。その際に、本書は強力なガイドブックになるはずです。

　本書を活用してより素晴らしい Web サイトやアプリを開発してください。

2013 年 8 月
日向 俊二

本書の構成

- 第 1 章　HTML5 の概要と基礎
- 第 2 章　JavaScript
- 第 3 章　CSS
- 第 4 章　ドキュメントとページ
- 第 5 章　文字と文
- 第 6 章　グラフィックス
- 第 7 章　オーディオとビデオ
- 第 8 章　システムその他
- 付録 A　トラブルシューティング
- 付録 B　目的別索引
- 付録 C　タグ索引
- 付録 D　HTML5/CSS 関連索引
- 付録 E　JavaScript 関連索引
- 参考リソース

ご注意

- 本書は HTML5 全体の完全な解説を目的とするものではありません。
- 本書執筆時点で W3C の「HTML5　A vocabulary and associated APIs for HTML and XHTML」および関連仕様にはまだ確定していない部分があります。
- 本書で解説することは、原則として HTML5 と関連仕様に従った HTML ドキュメントが備えるべき必要事項ですが、現実には多くのユーザーエージェントで省略した記述方法でも解釈されることがあり、また、ユーザーエージェント独自の拡張が行われていることがあります。

コードを試すときには

本書掲載の HTML を表示してみたいときには、次のような HTML ファイルに一連の HTML タグを挿入して実行してみることができます。

```
<!DOCTYPE html>
<!-- htmltest.html -->
<html lang="ja">
<head>
    <meta charset="utf-8" />
    <title></title>
</head>
<body>
  <!-- 以下に試したい一連のタグを挿入する -->
</body>
</html>
```

不完全なタグの例や断片は、そのままでは実行できません。

本書掲載のスクリプト例を実行したいときには、次のような HTML ファイルにスクリプト部分を挿入して実行してみることができます。

```
<!DOCTYPE html>
<!-- scripttest.html -->
<html lang="ja">
<head>
    <meta charset="utf-8" />
    <title></title>
</head>
<body>
  <script type="text/javascript">
    // ここに試したいスクリプトを挿入する
  </script>
</body>
</html>
```

不完全なコード例は、そのままでは実行できません。

はじめに iii

■ 第 1 章　HTML5 の概要と基礎 …… 1

1.1　HTML について 2
1.2　HTML の基本構造 3
1.3　HTML の基礎知識 13
1.4　HTML と関連技術 16
1.5　値の表現 18

■ 第 2 章　JavaScript …… 25

2.1　JavaScript について 26
2.2　JavaScript の基本的な要素 37
2.3　制御構造 48
2.4　演算 63
2.5　オブジェクト 77

■ 第 3 章　CSS …… 89

3.1　CSS の概要 90
3.2　CSS によるページの構成 90
3.3　インライン CSS 92
3.4　body でのスタイル指定 94
3.5　head でのスタイル指定 95
3.6　スタイルシートファイル 98
3.7　疑似クラスと疑似要素 100
3.8　CSS によるレイアウト 102

vii

3.9 CSSのプロパティ 106
色と背景 106
フォント 110
文字とテキスト 116
サイズ・位置・配置 122
ボーダー 143
テーブルとリスト 151
コンテンツ 161
印刷 168
音声 171
その他 179

■ 第4章 ドキュメントとページ……183

4.1 ドキュメント 184
4.2 内容の要素 190
4.3 コンテンツ 198
4.4 ハイパーリンク 209
4.5 テーブルとリスト 211
4.6 インラインフレーム 221

■ 第5章 文字と文……223

5.1 文字と文字列 224
5.2 文 233
5.3 入力と選択 234
5.4 MathML 251

■ 第6章 グラフィックス……255

6.1 HTMLのグラフィックス 256
6.2 イメージ 257
6.3 canvas 261
contextのプロパティとメソッド 265
6.4 SVG 271

■ 第7章　オーディオとビデオ……283

- 7.1　HTML とマルチメディア 284
- 7.2　オーディオ 289
- 7.3　ビデオ 295

■ 第8章　システムその他……301

- 8.1　クライアントシステム 302
- 8.2　Cookie 304
- 8.3　Web Storage 314
- 8.4　ファイルアクセス 328
- 8.5　Geolocation API 336
- 8.6　落ち穂拾い 339

■ 付　録……343

- 付録 A　トラブルシューティング 344
- 付録 B　目的別索引 348
- 付録 C　タグ索引 357
- 付録 D　HTML5/CSS 関連索引 360
- 付録 E　JavaScript 関連索引 367

参考リソース 371

第1章

HTML5 の概要と基礎

ここでは、HTML5 の概要と、本書の第 2 章以降を活用するために必要な基礎的な事項を解説します。

1.1 HTML について

最初に、HTML の目的と歴史を短く振り返ってみます。

HTML の誕生と発展

HTML（HyperText Markup Language）は、Web ページ（いわゆるホームページ）を記述するためのマークアップ言語として W3C という標準化団体によって仕様が決められてきました。W3C（World Wide Web Consortium）は、インターネット（正確には World Wide Web）で使われる各種技術の標準化を推進する標準化団体です。

HTML の当初の目的は、インターネット上にあるドキュメントを容易に閲覧できるようにすることだったため、初期の HTML で実現できた機能は、テキストとイメージ（画像）の表示、および、リンクという仕組みを使って他の HTML ページを表示するためのものが主なものでした。

初期の HTML は単純ではありましたが、W3C によって標準化が行われてきて多くのソフトウェア開発者が受け入れたため、ほとんどの Web ブラウザが標準で HTML 文書の解釈と表示を実現しました。そのため、HTML は急速に普及しました。

その後、HTML はフォームやスタイルシートなどが取り入れられて表現力が増しました。そしてさらに、主にプラグインと呼ぶ別のソフトウェアコンポーネントを利用することでオーディオやビデオを再生／表示できるようにしたり、OS に依存するソフトウェアコンポーネントを利用することでシステムへのアクセス機能を高めるなどの改良が行われました。ただし、これらは OS（Windows や iOS、Linux、Android など）に直接依存していたため、HTML に標準として組み込まれることはありませんでした。

しかし、HTML5 になって、HTML5 と関連仕様に従えば、OS に依存しない標準化されたコードで、たとえばオーディオやビデオのような高度な機能を活用できるようになりました。また、HTML ドキュメントの構造が複雑になりすぎないように、汎用的なマークアップ言語である XML に原則的に準拠するようにな

り、単純なエラーを避けてより高度な内容を記述できるようになりました。

HTML5

本書執筆時点では完全に決定していませんし、一部は別の仕様として策定されていますが、HTML5 では次のようなことが実現する予定です。

- Web ブラウザだけでなく、さまざまなユーザーエージェント（User agent、UA）で機能する。
- HTML4 までの HTML 技術を継承する。ただし、陳腐なものは削除される。
- XML に準拠する（XHTML1 や DOM2HTML の利用）。
- システムの機能などの利用を可能にするために JavaScript を標準でサポートする。
- CSS（Cascading Style Sheets）を利用してページをレイアウトする。従来のフレームは廃止される。
- MathML や SVG を利用できる。
- Web Storage（クライアントへのデータの保存）、WebSocket（ソケット通信）、Geolocation API（位置情報）などの高度な機能をサポートする。

 本書執筆時では、これらの中には詳細がまだ決定していないものもあります。また、現時点ではすべての Web ブラウザやその他のユーザーエージェントで利用可能であるわけではありません。

1.2 HTML の基本構造

ここでは、HTML ドキュメントが備えるべき基本的構造について説明しますが、その前に HTML で記述した典型的なページの具体的な例を見てみましょう。

私たちが普段見るいわゆるインターネットのホームページには、凝ったデザインの美しいものや、複雑なレイアウトのものがあります。そのようなものにはさ

まざまな要素が使われていますが、最も基本的なものは、たとえば図1.1に示すようなものです。

図1.1　HTMLページをInternet Explorerで表示した例

　これは、ウィンドウのタイトルとして「こんにちは、HTML5」と表示し、第1レベルの見出しとして「ご挨拶」を表示し、本文のパラグラフとして「こんにちは」と表示するホームページの例です。
　HTMLはさまざまな要素から構成されていますが、基本的な要素は「タグ」とその内容です。
　タグは、開始タグと終了タグで構成され、その中に要素の内容が含まれます（図1.2）。たとえば、「こんにちは、HTML5」と表示したものは、ウィンドウのタイトル（title）と呼ぶ要素（<title>タグ）として記述されています。

図1.2　HTMLの要素の各部分の名前

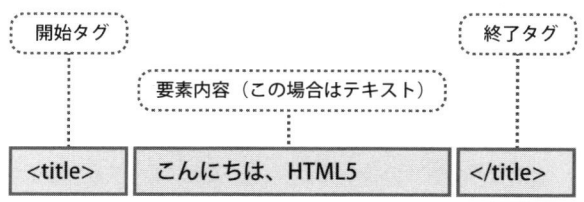

　同様に、「ご挨拶」は第1レベルの見出し（h1）として、「こんにちは」は本文のパラグラフ（p）として表示するように指示したHTMLドキュメント（HTML文書）として作成されています。
　図1.1に示したように表示されるHTMLドキュメントの内容（HTMLファイルのソース）は次のようになります。

4

1.2 HTMLの基本構造

リスト1.1　hello.html

```
<!DOCTYPE html>
<html>
  <head>
    <title>こんにちは、HTML5</title>
  </head>
  <body>
    <h1>ご挨拶</h1>
    <p>こんにちは</p>
  </body>
</html>
```

 リスト1.1の内容を図1.1のように表示してみたいときには、リスト1.1の内容をテキストエディタで入力して、ファイルとして保存し、そのファイルをWebブラウザで開きます。

このHTMLドキュメントの内容について、ざっと見ておきましょう。

`<title>`はタグであると説明しましたが、`<html>`や`<head>`、`<body>`、`<h1>`、`<p>`などもすべてタグといいます。

 HTML5ではタグは小文字で書く必要があります。

それぞれのタグの意味は次の通りです。

表1.1　タグと意味

タグ	意味
html	内容がHTMLであることを表す。
head	内容がHTMLのヘッドであることを表す。
title	内容がHTMLのタイトルであることを表す。
body	内容がHTMLのボディ（本体）であることを表す。
h1	内容が第1レベルの見出しであることを表す。
p	内容がパラグラフ（段落）であることを表す。

リスト 1.1 には、<html> と </html>、<body> と </body> のように、ほとんど同じものがありますが、< の次に名前が続くもの（<xxx>）が開始タグであり、< の次に / が続くもの（</xxx>）が終了タグです。タグを書くときには原則として最初に開始タグを書き、次にそのタグの内容（要素内容）を書いて、最後に終了タグを書きます。

　要素内容がない場合（空要素の場合）には終了タグを省略することができ、HTML5 では終了タグを省略するときには、<xxx /> のように書かなければなりません。

宣言と三つの基本的要素

　HTML ドキュメントの先頭には、ドキュメント型を宣言する DOCTYPE を記述します。これは、通常、「<!DOCTYPE html>」の形式で書きます。

　そのあとに HTML ドキュメントであることを示す html 要素を記述します。html 要素の内部には head 要素と body 要素を記述します。最も基本的な構造は次のようになります。

```
<!DOCTYPE html>
<html>
    <head>
        （ヘッドの内容）
    </head>
    <body>
        （ボディ（本体）の内容）
    </body>
</html>
```

　<!DOCTYPE html> とコメント以外の HTML の要素は html 要素の中に記述しなければなりません（図 1.3）。いいかえると、html 以外の HTML の要素は <html> と </html> の間に含まれるように記述しなければなりません。html 要素のように、他のすべての要素を含む要素をルート要素といいます。

図1.3　基本的なHTMLドキュメントの構造

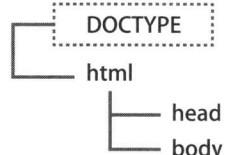

　ある要素の中に含まれている要素を、ある要素の子要素であるといいます。たとえば、body は html の子要素であるといいます。

　現実には、多くのユーザーエージェントで省略した記述方法でも問題なく解釈されることがあります。また、Web デザインツールの中には、一部を省略（たとえば DOCTYPE を省略）したコードを生成するものなどもあります。しかし、上に示した基本構造はきわめて重要なので覚えておくべきです。

　加えて、上に示したものは読みやすくするために改行していますが、改行を省略して、たとえば次のようにしてもかまいません（推奨はされません）。

```
<!DOCTYPE html>
<html><head> (ヘッドの内容) </head>
<body> (ボディ (本体) の内容) </body></html>
```

　ただし、いずれの要素（タグ）も原則として図 1.4 のような形式のタグ付きテキストとして記述する必要があります。

図1.4　単純なタグ付きテキスト

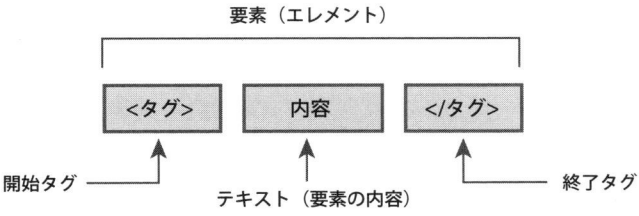

　さらに、オプションとして属性や他のタグを追加することもよくあります。
　なお、meta 要素のように内容がない空要素の場合は、タグの最後を /> で終

わらなければなりません（たとえば、<meta charset="utf-8" />）。
次の例は、上の基本構造に次の要素を追加してあります。

- htmlタグに属性langを追加して言語を明示。
- <head>の中にmetaタグを追加してcharset属性でキャラクタセットとしてUTF-8を使っていることを明示。
- <head>の中にtitleタグでHTMLドキュメントの表題として「HTML5 Essential」を記述。
- <body>の中に、pタグ（パラグラフタグ）で本文の文章として「HTML5 エッセンシャル本文」を記述。

```
<!DOCTYPE html>

<html lang="ja">
<head>
    <meta charset="utf-8" />
    <title>HTML5 Essential</title>
</head>
<body>
  <p>HTML5 エッセンシャル本文</p>
</body>
</html>
```

属性langを記述したhtmlタグや、charset属性を記述したmetaタグの形式を一般化すると、図1.5のようになります。

図1.5　属性を伴うタグ付きテキスト

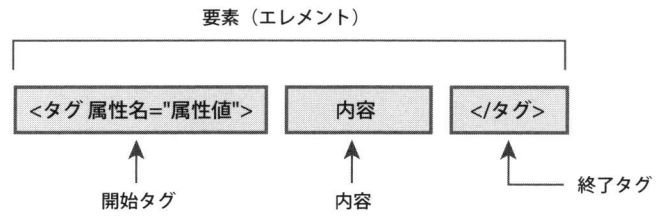

ただし、HTML5では、metaタグは内容を持つことができない空要素と呼ぶ

種類のタグなので、内容と終了タグを省略して、図1.5の「開始タグ」部分を/>で終わらなければなりません。

HTML5ドキュメントでは、html要素にxmlns属性を指定することができます。ただし、その値は"http://www.w3.org/1999/xhtml"に限ります。典型的には次のようにします。

```
<html lang="ja" xmlns="http://www.w3.org/1999/xhtml">
```

HTML5では、通常はxmlns属性は何も影響を及ぼしません。ただし、一部のツールでは、これが含まれていることで厳密にHTML5のHTMLドキュメントとして評価するようになるものがあります。たとえば、
のような空要素が
のように/>で終わっていないと警告メッセージを出力するなどの追加の機能を利用できるようになるものがあります。

以前はDOCTYPE宣言に次のようにDTD（文書型宣言）の種類を記述することがよくありましたが、HTML5では不要です。
```
<!DOCTYPE html PUBLIC "-//W3C//DTD XHTML 1.0 Transitional//EN"
    "http://www.w3.org/TR/xhtml1/DTD/xhtml1-transitional.dtd">
```

なお、html要素の中にheadとbody要素を含む構造がHTMLドキュメントの基本的な構造ですが、必ずこの構造にしなければならないというわけではありません。たとえば、次のような構成であるものもあります。

- head要素を省略する。
- body要素を省略する。

なお、HTML5より前のHTMLではbody要素の代わりにframeset要素を使うことがありましたが、HTML5でフレーム（frameset、frame、noframes）は使用できません。

フレームのように、HTML5より前のHTMLで頻繁に使われていた要素は、HTML5対応のユーザーエージェントや開発ツールでも後方互換性を確保するために依然として使用可能であるものがあるでしょう。しかし、新し

く作る場合や大幅に変更するときには、HTML5 で使えなくなった要素は使うべきではありません。

　HTML5 の XML 構文に準拠したドキュメントの形式も使用可能です。基本的な形式は次の通りです。

```
<?xml version="1.0" encoding="UTF-8"?>
<html xmlns="http://www.w3.org/1999/xhtml">
  <head>
    <title>ドキュメントの例</title>
  </head>
  <body>
    <p>段落の例</p>
  </body>
</html>
```

　これは、最初が XML 宣言であるほかには、DOCTYPE を使うものと変わりありません。

インデント

　これまでに示したリストの中には、ほかの要素に挟まれた要素を、挟んでいる要素の内側に記述するときに、右にずらして記述したものがあります。このように、ほかの要素に含まれる要素の先頭を右側にずらして記述することをインデントするといいます。

　HTML ドキュメントはその構造をわかりやすくするために、必要に応じてインデントするべきです。

　とても多くの要素を含む複雑な構造の HTML ドキュメントの場合、内側の要素になるほどインデントの量を多くすることができます。ただし、インデント量があまり多すぎると逆に見にくくなるので、状況に応じてインデントの量を適宜調整してかまいません。インデントは、ページの表示状態やスクリプトなどの実行に影響を与えません。

HTML5 の XML 準拠

　HTML は Web ページとして表示するドキュメントを記述するための記述言語として誕生しました。そのため、初期の HTML の記述方法は、Web ブラウザが正しく解釈できればどのような書き方でもかまいませんでした。しかし、HTML ドキュメントは、もともと、より明確な構造と厳密な仕様を持つ XML（Extensible Markup Language）にほぼ沿った記述方法を取り入れてきました。また、HTML 文書が複雑になるにつれて、タグなどを個々に解釈するのではなく、XML パーサーと呼ぶ文書解析・変換ソフトウェアを利用して HTML ドキュメント全体を一定の構造を持つ情報に変換して利用することが一般的になりました。また、そうすることで細かな記述上の矛盾を排除することができます。そこで、HTML5 から、HTML ドキュメントは XML 宣言と呼ぶ要素を除いて、概ね XML ドキュメントとしての構造を持たせることになりました。

　以前は、その HTML が XHTML である（厳密には XHTML の名前空間を使っている）ことを示すために、html に xmlns 属性を次のように記述するのが一般的でした。

```
<html lang="jp" xmlns="http://www.w3.org/1999/xhtml">
```

　しかし、HTML5 では、この xmlns 属性を記述しなくても、XHTML の形式（XML ドキュメントとしての構造を持つ HTML 形式）で記述する必要があります。

　従来の HTML とのその他の主な違いは次の通りです。

- タグは、ドキュメントの要素となるオブジェクトとしてとらえる。
- すべての要素（タグ）をルート要素である <html> と </html> の間に記述する。
- 空の要素（タグ）は /> で終わる（たとえば
）。
- ルート要素以外の要素は他の要素の子要素にする。

　最後の項目は、少し説明が必要でしょう。
　ルート要素以外の要素をほかの要素の子要素にするためには、どの要素もどこ

かで終了していなければなりません。いいかえると、タグには終了タグが必要です（以前の HTML では、解釈に矛盾が生じない限り終了タグを省略できました）。要素内容がなくても、開始タグの直後に終了タグを記述する必要があります（「<要素名></要素名>」）。あるいは、終了タグを記述しないで、開始タグを閉じる > の前に / を記述して、それが終了タグのない空要素タグであることがわかるように記述します。これまでに示した例では、meta タグが空要素のタグになります。

> **Note** 古いユーザーエージェントでも正しく解釈されるようにするために、/> の前に空白を入れて「<要素名 />」とすることが推奨されます。

また、ルート要素以外の要素をほかの要素の子要素にするために、要素を入れ子にする必要があります。

```
<タグ名1 属性リスト>テキスト要素<タグ名2>ほかの要素内容</タグ名2></タグ名1>
```

次の例は、改行が含まれていることを除くと、上のように書いたものと同じ内容です。

```
<タグ名1 属性リスト>テキスト要素
   <タグ名2>ほかの要素内容</タグ名2>
</タグ名1>
```

あるいは、次のようにするとさらに見やすくなります。

```
<タグ名1 属性リスト>
   テキスト要素
   <タグ名2>
      ほかの要素内容
   </タグ名2>
</タグ名1>
```

タグの入れ子にされたタグの内部に、さらにタグを書くことや、複数のタグをリスト形式で書くこともできます。

```
<タグ名1 属性リスト>テキスト要素
  <タグ名2>ほかの要素内容
    <タグ2の子タグ>子タグテキスト</タグ2の子タグ>
  </タグ名2>
  <タグ名3>ほかの要素内容</タグ名3>
</タグ名1>
```

　タグを入れ子にするときには、入れ子にされるタグは外側のタグの開始タグと終了タグの内部になければなりません。その結果、タグは階層構造になり、ツリー構造で表現できる構造になります。

　あるタグの開始タグと終了タグをまたぐかたちで別のタグを記述することはできません。次の例に示すように<タグ名1>の中に記述した<タグ名2>の終了タグを、</タグ名1>のあとに記述してはなりません。

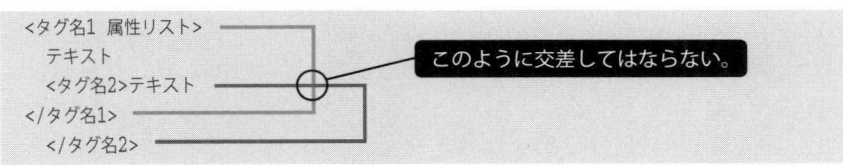

1.3　HTMLの基礎知識

　HTMLドキュメントを扱う際には、「1.2　HTMLの基本構造」で説明した基本的構造のほかに、いくつかの基本的な決まりを知っておくとよいでしょう。

ファイル名

　HTMLドキュメントファイルの名前の最後は.htmlにします。これまでWindows環境では.htmが使われることがありましたが、これはWindows系のファイルシステムの最後のピリオドからあと（ファイル拡張子と呼ぶ）が過去に最大3文字までに制限されていた名残です。これから作成するHTMLドキュメントのファイル名の最後は.htmlにするべきです。

JavaScript のスクリプトだけを記述したファイルの名前の最後は .js にします。
CSS だけを記述したファイルの名前の最後は .css にします。

文字

文字は Unicode 文字を使います。日本語の文字も英数文字と同様に使うことができますが、次のような例では、文字の問題ではなく、「ページ」という要素がないためにエラーになります。

```
<body>

<ページ>なんたら</ページ>

</body>
```

Unicode 文字を使うので、テキストのエンコーディングには、基本的には UTF-8 か UTF-16 を使うのがよいでしょう。

エンコーディングは次の方法で明示します。

- エンコーディングを特定するために、meta 要素の charset 属性で指定します。この meta 要素の位置はファイルの先頭から 1024 バイト以内にします。これは meta 要素がドキュメントのあとのほうにあってはならないことを意味します。

```
<meta charset="utf-8">
```

または

```
<meta http-equiv="Content-Type" content="text/html; charset=utf-8">
```

- ファイルの先頭に BOM（Byte Order Mark）付き UTF-16 を使うことによっても、混乱を削減することができます。
- 転送段階で、たとえば、HTTP Content-Type を使って指定します。

XML 構文では、XML 仕様に掲載された規則を使って、文字エンコーディングをセットしなければいけません。

コメント

コメント（注釈）は、「<!--」で始まり、「-->」までの文字列として書きます。

```
<!-- これはコメントです   -->
```

コメントの中にハイフン 2 個（--）の文字列を書くことは可能ですが、ドキュメントの互換性を維持するためには避けたほうがよいでしょう。

```
<!-- これは -- 避けたいコメントの例です   -->
```

コメントの中にコメントを入れ子にして書くことはできません。

```
<!-- これは<!-- 間違いのある   --> コメントの例です   -->
```

コメントの中にコメントを入れ子にして書くことを、コメントのネストといいます。

コメントの中にタグ、ハイフン 1 個（-）、あるいは空白を入れたハイフンの連続(- - - -)を書くことは可能です。コメントの途中で改行してもかまいません。

```
<!-- コメントの例 -->
<!-- コメントの中では - ならば使うことができます -->

<!-- コメントの中で - - - - - こんなふうに
- を使うこともできます -->


<!-- <p>は段落を表します。   -->
<ページ>
<p>コメントは&lt;!--と--&gt;の間に書きます。</p>
<p>テキストの中なら!や:と、"やをそのまま使うことができます。</p>
```

スペース文字

スペース文字（space character）には、いわゆるスペース文字（U+0020）、タブ文字（U+0009）、改行文字（"LF"、U+000A）、改ページ文字（"FF"、U+000C）、キャリッジリターン文字（"CR"、U+000D）が含まれます。また、Unicode 文字のいわゆる空白も、原則として、スペース文字と同様に扱われます。

> **Note** 一般の Web デザイナにはあまり関係ありませんが、ユーザーエージェントは、これらスペース文字を DOM の中では Text ノードとして扱います。無視されるわけではありません。スペースだけをはさんだタグは、表示に関して何も影響を与えないとしても、メモリや実行速度に影響を与える可能性があります。

1.4 HTML と関連技術

HTML はそれだけで Web ページを記述するのに十分な機能を備えていますが、現実的には、HTML は、多くの関連技術と共に使われています。

JavaScript

初期の HTML は主に静的に表示される要素だけを扱っていました。その後、JavaScript が登場して、HTML ページの中にスクリプト（ユーザーエージェントがその場で解釈して実行できる比較的単純なプログラム）を記述できるようになりました。そのおかげで、Web ページでユーザーが入力した情報が一定の条件を満たしているか確認したり、刻々と変わる情報を表示するなどの、HTML だけではできないことが可能になりました。

JavaScriptは単独のスクリプトファイルとして作成できるほかに、HTMLドキュメントの中に記述することもできます。そのため、HTML と JavaScript はとても相性がよく、実際に、多くの Web サイトで HTML と JavaScript が使われています。

HTML5 では、JavaScript をより積極的に活用します。特に、HTML5 で導入されたグラフィックス、HTML5 とは別仕様であるものの HTML5 の一部といってよい Web Storage、WebSocket、Geolocation API、XMLHttpRequest などさまざまな先進技術を使うために、JavaScript は欠かせません。

　本書の第 2 章では、JavaScript について HTML ドキュメントの中および単独のファイルとして作成するために必要な基礎知識を紹介します。

CSS

　CSS（Cascading Style Sheets）は、HTML や XML の要素の修飾や表示方法を指定したり、要素の修飾や表示の方法を指示するための W3C による仕様のひとつです。HTML5 では、文書の構造と体裁を分離させるために、CSS はきわめて重要です。

　たとえば、以前の HTML で使われたフレームに関する要素（frame、frameset、noframes）は、HTML5 にはありません。そのため、従来のフレームは HTML5 では使用できません。代わりに CSS を活用してページをレイアウトすることができます。

　CSS については第 3 章で解説します。

PHP

　Web サーバー側では、動的に HTML データを生成するために、オープンソースのスクリプト言語 PHP（PHP：Hypertext Preprocessor）を利用することがよく行われています。従来、サーバー側で動作するスクリプトを記述するときにはほとんど必要不可欠な言語でした。

　本書では、PHP については取り上げませんが、サーバーサイドでなにか込み入ったことを行いたいときには PHP が第一選択言語となる状況はしばらく変わらないでしょう。

その他のソフトウェアコンポーネント

　これまでは、何か複雑なことを行おうとしたり、システムの資源にアクセス

する必要があるときには、JavaアプレットかActiveXコントロールなどOSが管理するソフトウェアコンポーネントがよく使われました。しかし、これらは、ユーザーエージェントが動作しているベースとなるシステムに依存するソフトウェアコンポーネントです。たとえば、動画やゲームなどを扱うためのコンポーネントとしてAdobe FlashやMicrosoft Silverlightなどがありますが、これらはいずれもどのプラットフォームでも共通に使われる標準化された技術ではなく、サポートされていないユーザーエージェントもあります。そのため、たとえば、HTMLページの中でAdobe Flashを使うとMacintosh系のユーザーエージェントで期待したように動作しない、などの問題がありました。

HTML5では、これら個別に開発されてきたコンポーネントを排して、標準化された共通APIを活用する方向になっています。たとえば、これまでAdobe Flashで表示していた動画を、HTML5の技術だけで表示できるようになり、結果としてユーザーエージェントが動作しているベースとなるシステムについて考える必要がなくなります。

1.5 値の表現

ここでは、HTML5と関連技術で値の指定のために使われる値(数値、URL、色)について概説します。

厳密にいえば、HTMLとJavaScript、CSSでは、まったく同じではありませんが、個々に掲載した情報はさまざまな場面で目安として利用できるでしょう。

数値

値を指定するために数値として主に使われるものは、以下の通りです。

- 整数値
  整数値は、0、1、2、3、...などの値です。負の数(−1、−2、−3、...など)を指定できる場合もあります。

- 実数値

  実数値は、1.0、1.、20.34、−10.5、... などの値です。負の数を指定できる場合もあります。
- %

  割合をパーセントで表記します。たとえば、10%、75%、120%、200% などの形式で指定します。100% を超える値を指定できる場合があることに注意してください。
- em

  要素のフォントサイズ。文字 'M' の横幅が語源ですが、実際の長さは文字によって異なります。

  次の例は、テキストのインデント（text-indent）量を 5 文字ぶんとして指定する例です。

```
<p style="text-indent: 5em;">長い...テキスト</p>
```

- ex

  文字 'x' の高さ。x-height の略です。
- ch

  文字 '0' の横幅です。
- rem

  ルート要素のフォントサイズ（root em）。

  次の例はフォントのサイズをルート要素の 1.5 倍にする例です。

```
<p style="font-size:1.5rem">フォントのサイズ1.5倍</p>
```

- vw

  表示領域の横幅です。
- vh

  表示領域の高さです。
- vmin

  表示領域の横幅と高さの小さな方を単位とします。

- cm

  センチメートル単位。

- mm

  ミリメートル単位。

- in

  インチ (1in=2.54cm) 単位。

- px

  ピクセル (1px=1/96in) 単位。

  次の例は body 要素の幅とマージンをピクセル単位で指定する例です。

```
body {
  width:796px;
  margin:20px auto;
}
```

- pt

  ポイント (1pt=1/72in) 単位。

- pc

  パイカ (1pc=12pt) 単位

> **Note** JavaScript の演算で使われる数については、「第 2 章　JavaScript」を参照してください。

URL

URL (Uniform Resource Locator) は、インターネット上のリソース (資源) を特定するための形式的な記号の並びです。ローカルファイルのときにはファイル名でディレクトリを指定することもできます。

また、OS によってはドライブ文字(C: など)や絶対パス(/usr/abc/data など)を指定できますが、HTML で扱う URL の場合、ローカルシステムの絶対パスは通常は使いません。その代わりに、現在のディレクトリ (フォルダ) を表す「./」や現在のディレクトリの親を表す「../」を含む表現がよく使われます。

一般的には、次の形式で指定します。

```
(スキーム名):(スキーム固有の表現形式)
```

スキーム名としては一般的にはプロトコル名が使われますが、それ以外の名前も使われます。

主なものを表 1.2 に示します。

表1.2 スキーム名

名前	意味
ftp	FTP のためのスキーム
http	HTTP のためのスキーム
gopher	Gopher プロトコルのためのスキーム
mailto	電子メールの宛先を表すためのスキーム
news	ネットニュース（Usenet）のためのスキーム
nntp	NNTP を使用したネットニュースのためのスキーム
telnet	Telnet 接続を表すためのスキーム
file	ファイルシステムの中のディレクトリやファイルを参照するためのスキーム

ただし、特定のホストに IP 接続するスキーム（たとえば、http や ftp など）では次の形式が使われています。

```
//<user>:<password>@<host>:<port>/<url-path>
```

<user> はホストに接続するときに使うユーザー名です。必要がなければ省略できます。

<password> はユーザー名に対応するパスワードです。必要がなければ省略できます。

<host> はホスト名です。FQDN（Fully Qualified Domain Name、完全修飾ドメイン名）または IP アドレスを使います。

<port> は接続先ポート番号です。省略できます。

<url-path> はホストに要求するパスです。省略できます。

次に、いくつかの例を示します。

```
ftp://example.jp/Linux/centos/8.8/isos/x86_64/
```

```
http://example.jp/books/index.html
http://ftp.riken.jp/Linux/centos/6.4/isos/x86_64/
```

```
mailto:example@example.com
```

ソースファイルを指定するときには、一般に URL を " と " か、' と ' で囲みます。

```
<script src="./js/printdate.js" />
```

```
<img src="../images/myphoto.jpg" />
```

style 要素のプロパティの値を指定するようなときには、URL をそのまま文字列として指定するのではなく、次のように url() で URL を囲みます。

```
<div>
  <ul style="list-style-image:url(./sect.jpg)";>
    <li>わんこ</li>
    <li>にゃんこ</li>
    <li>はとぽっぽ</li>
  </ul>
</div>
```

グローバル日時

グローバル日時（global date and time）は、世界の公式な標準時刻である UTC（Universal Time, Coordinated、協定世界時）をベースに指定する日時のことです。日本のローカル時刻は UTC に対して 9 時間進んでいるので、以下の書式でグローバル日時として指定します。

```
YYYY-MM-DDThh:mm:ssTZD
```

グローバル日時のそれぞれの値は表 1.3 に示す通りです。

表1.3　グローバル日時の値

値	意味
YYYY	年（4桁）
MM	月（2桁／01〜12）
DD	日（2桁／01〜31）
T	ここから時間が始まることを表す文字（大文字のT）
hh	時（2桁／00〜23）
mm	分（2桁／00〜59）
ss	秒（2桁／00〜59）
TZD	タイムゾーン（Z または +hh:mm か -hh:mm） 　Z　　　　UTC そのものであることを表す文字（大文字のZ） 　+hh:mm　UTC よりローカル時刻が進んでいる場合 　-hh:mm　UTC よりローカル時刻が遅れている場合

次の例はグローバル日時の表記例です。

```
2013-02-02T00:00Z
```

```
2013-02-02T09:00+09:00
```

色

色の名前と 16 進表現の値を、見返しの図に掲載します。先頭の 16 進数であることを表す # のあとの 0（ゼロ）は多くの状況で省略できません。たとえば、「#00FFFF」は「#FFFF」と記述すると意図した通りに解釈されません。

見返しの図を参照してください。

- 本書の印刷色と特定のユーザーエージェントで実際に表示される色は微妙に異なる場合があります。
- http://www.w3.org/TR/css3-color/ では、色の名前はすべて小文字で記述されていますが、本書では読みやすさのために大文字／小文字で表記しています。大文字／小文字の表記でも色の名前として認識されるはずです。

MEMO

第 2 章

JavaScript

ここでは、HTML と関連して JavaScript を活用するために必要な基礎的な事項を解説します。

2.1 JavaScript について

　JavaScript はいまやインターネット（Web）の世界の標準的なスクリプト言語であるといってよいでしょう。JavaScript はまさに Java ライクなスクリプト言語として登場しましたが、JavaScript の中核的な仕様が ECMAScript として標準化され、多くの Web ブラウザで利用できるようになっただけでなく、さまざまな分野で制御プログラムの記述用言語あるいはマクロ言語として活用されています。また、HTML5 では、不可欠な要素となっています。

JavaScript の歴史と位置付け

　インターネットの Web ページ（いわゆるホームページ）には、当初はテキストしか表示できませんでした。その後、HTML が開発されて、タイトルや見出し、段落、イメージなどを表示できるようになりました。しかし、その時点では、Web ページでは静的な表現しかできませんでした。静的な表現とは、あるページを表示すると、全体が表示されたあとでは何も変化がなく、ユーザーが操作してそれに対して何らかの反応を返すことができないことを意味します。

　Web ページに、動きや対話性を付加することが求められるようになって、JavaScript が開発されました。このとき、JavaScript は、オブジェクト指向プログラミング言語として比較的歴史がある Java のプログラムの書式を参考にして作られました。つまり、「Java 風の書き方をするスクリプト言語」という意味で JavaScript と名付けられましたが、JavaScript と Java には直接の関連性や互換性はありません

　HTML5 では、JavaScript は不可欠な要素として事実上 HTML に取り入れられました。HTML5 を効果的に活用するためには、JavaScript を使いこなせるようになることが必要です。

JavaScript の基本構造

　ここでは、JavaScript ドキュメントが備えるべき基本的構造について説明します。

2.1 JavaScript について

JavaScript で書いたスクリプトと呼ぶものを含む HTML ページの表示例を見てみましょう（ソースファイルはあとで示します）。

図2.1　JavaScriptのスクリプトを含むHTMLページをInternet Explorerで表示した例

これは、本文のパラグラフが「こんにちは、JavaScript。今日は、1 日です。」と表示されている、一般の Web 閲覧者から見れば、単純なインターネットのホームページの例に見えるでしょう。

しかし、Web ブラウザの中で行われていることは、ただ文字を表示しているのとはまったく異なります。Web ブラウザがこのページを表示するときには、常に、その日の日付を表示します。そして、そのために、この HTML ドキュメントをいつ表示したとしても、その日の日付を正確に表示できます。

図 2.1 のソースを次のリストに示します。

リスト 2.1　hellojs.html

```
<!DOCTYPE html>
<!-- hellojs.html -->
<html lang="ja">
<head>
    <meta charset="utf-8" />
    <title>こんにちは、JavaScript</title>
</head>
  <body>
    <h1>ご挨拶</h1>
    <p>こんにちは
      <script type="text/javascript">
      <!--
        document.write("、JavaScript。");
        d = new Date();
        document.write("今日は、", d.getDate(), "日です。");
      // -->
```

```
    </script>
   </p>
  </body>
</html>
```

　注目したいのは、本書の第1章ではなかった、<script type="text/javascript"> で始まり、</script> で終わる部分が挿入されているという点です。

　この <script type="text/javascript"> で始まり、</script> で終わる部分が、JavaScript のスクリプト（プログラム）です。

　「<script type="text/javascript">」の先頭の「<script」はスクリプトの始まりを示し、「type="text/javascript"」はこれが JavaScript のスクリプトであることを示しています。

　<script> と </script> で囲まれた部分は、スクリプト（一種のプログラム）として実行されます。

```
<script type="text/javascript">
<!--
  document.write("、JavaScript。");
  d = new Date();
  document.write("今日は、", d.getDate(), "日です。");
// -->
</script>
```

　スクリプト

　<script> タグではさまれた内容の最初の行「<!--」は HTML のコメントの始まりを意味するシーケンス（文字の連なり）です。この HTML のコメントは、「-->」まで続きます。ただし、JavaScript のスクリプトの中で使われるときには、JavaScript のコメントである // を追加した「// -->」で HTML コメントを終わります。これで、「// -->」は JavaScript のコードとして解釈されるときにもコメントとみなされ、HTML として解釈されるときにも「-->」が含まれているのでコメントの最後であると解釈されます。JavaScript のコードを HTML のコメントとして記述する理由は、JavaScript をサポートしていない Web ブラウザが JavaScript のコードを無視するようにするためです。

スクリプトのコードを「<!--」と「// -->」で囲まない場合、JavaScript をサポートしないユーザーエージェントでは JavaScript のコードがそのまま表示されてしまう可能性があります。そのことを承知していれば、「<!--」と「// -->」を省略してもかまいません。本書の以降のコードでは、スペースの都合で省略します。

スクリプトの内容についてはあとで検討するので、スクリプト（プログラムコード）の詳細については、今の段階では気にしなくてかまいません。ここで重要なことは、このような JavaScript のコードを使っているために、「今日は、xx 日です。」の xx のところが、スクリプトが実行される日（このページが表示される日）によって変わるという点です。従来の HTML だけでは、あらかじめ HTML ファイルに記述しておいた内容だけしか表示できないので、状況によって表示内容を変えることはできません。

> **Note** JavaScript のプログラムは必ず HTML ファイルの中に記述するというわけではありません。たとえば、JavaScript のプログラムだけのファイルを作成してそれを利用することもあります。このことについては、あとで説明します。

リスト 2.1 の hellojs.html 全体をもう一度見てください。このひとつのファイルには、<body> のような HTML の要素と、「d = new Date();」のような JavaScript のコードが含まれています。

ひとつの Web ページに 2 種類の異なる言語が必要になる理由を、プログラムの動作や情報の表示という観点から見てみましょう。

HTML と JavaScript

すでに示した「こんにちは、JavaScript。今日は、xx 日です。」と表示したインターネットのホームページの HTML ドキュメントをここで再び見てみましょう。

リスト 2.2　hellojs.html

```
<!DOCTYPE html>
<!-- hellojs.html -->
```

```
<html lang="ja">
<head>
    <meta charset="utf-8" />
    <title>こんにちは、JavaScript</title>
</head>
  <body>
    <h1>ご挨拶</h1>
    <p>こんにちは
      <script type="text/javascript">
        document.write("、JavaScript。");
        d = new Date();
        document.write("今日は、", d.getDate(), "日です。");
      </script>
    </p>
  </body>
</html>
```

すでに説明した通り、<html>と</html>、<head>と</head>（以下、</xxx>の形式の終了タグを省略）、<title>、<body>、<h1>、<p>はいずれもHTMLのタグです。

<script type="text/javascript">と</script>も、HTMLのタグです。

開始タグ<script>があるところの直後から、終了タグ</script>があるところの直前までは、JavaScriptのスクリプト（プログラム）であると解釈されます。

HTML5では<script>タグにtype属性(attribute)も指定する必要があります。

```
<script type="text/javascript">
```

この「type="text/javascript"」部分は、スクリプトの種類（type）がテキストのJavaScript（"text/javascript"）であることを示しています。

さて、コメントとして無視される部分を除いたscript要素の内容を次に見てみましょう。

```
<script type="text/javascript">
  document.write("、JavaScript。");
  d = new Date();
  document.write("今日は、", d.getDate(), "日です。");
</script>
```

「document.write("、JavaScript。")」は、document というオブジェクトに write() というメソッドを作用させて引数の文字列（"、JavaScript。"）を Web ブラウザに書き込みます（出力します）。「document.write()」のように、ピリオド（.）をはさんで、「（オブジェクト）.（メソッド）」の形式でメソッドをオブジェクトに作用させる方法は JavaScript の動作や処理を実行するための最も基本的な方法です。

「document.write("、JavaScript。");」の行の最後のセミコロン（;）は、ここでステートメント（実行されるひとつの命令）が終了していることを示しています。JavaScript では、それぞれのステートメントを別の行に記述すれば、セミコロンは省略してもかまいません。しかし、ステートメントの終わりを明らかにするために、通常は省略しないほうがよいでしょう。

「d = new Date()」は、d という名前の変数を宣言し、Date() クラスのオブジェクトを作成して保存しています。

> **Note**　「d = new Date()」は、技術的により正確には、変数 d に Date() クラスのインスタンスの参照を作成して代入している、といいます。

なお、d という名前の変数（variable）を宣言しているということを明示的に示すために、変数名の前に「var」を追加して「var d = new Date()」とすることもできます。

次の「document.write(" 今日は、", d.getDate(), " 日です。");」も、基本的には「document.write("、JavaScript。");」と変わりません。つまり、document.write(引数) という形式で、引数の値を Web ブラウザに書き込みます（出力します）。ただし、この場合、引数の値は 3 個で、「" 今日は、"」と、「d.getDate()」と、「" 日です。"」です。

「" 今日は、"」と「" 日です。"」は文字列ですから、そのまま出力されます。「d.getDate()」は d という名前の Data オブジェクト（インスタンス）に getDate() というメソッドを作用させて現在の日付の値を取得します。今の段階では、d に Data オブジェクトを入れておいて、「d.getDate()」を実行すると日付になる、と理解しておきましょう。この日付の値は自動的に文字列に変換されて前後の文字列と結合され「" 今日は、xx 日です。"」という文字列になり、

Web ブラウザに書き込まれます。

> **Note** 「document.write(" 今日は、" + d.getDate() + " 日です。");」としてもかまいません。

以上が、<script> と </script> で囲まれた <script> タグの内容です。

ソースコードの残りの部分にある、</script>、</p>、</body>、</html> は、それぞれ <script>、<p>、<body>、<html> に対応する終了タグです。

ボディスクリプト

リスト 2.2 の hellojs.html は HTML の <body> 部分に記述した典型的な JavaScript のファイルの例です。ここでは、HTML の <body> 部分だけに JavaScript のコードを記述したものを、ボディスクリプトと呼びます。典型的なボディスクリプトの形式は次の通りです。

```
<!DOCTYPE html>
<html lang="ja">
  <head>
    <title>ページタイトル</title>
  </head>

  <body>
    <script type="text/javascript">
      (JavaScriptのスクリプト)
    </script>
  </body>
</html>
```

<body> タグの中に、複数の <script> タグを書いてもかまいません。

```
<!DOCTYPE html>
<html lang="ja">
```

```
  <head>
    <title>ページタイトル</title>
  </head>

  <body>
    <h1> .... </h1>
    <p> .... </p>

    <script type="text/javascript"
      (JavaScriptのスクリプト)
    </script>

    <p> .... </p>

    <script type="text/javascript"
      (JavaScriptのスクリプト)
    </script>
  </body>
</html>
```

ヘッド関数

これまでの例では、JavaScript のスクリプトを HTML のボディ部分に埋め込みましたが、JavaScript のスクリプトを関数と呼ぶ名前付きの呼び出し可能な一連のコードとして記述して、それを HTML のヘッド部分に埋め込み、ボディ部分には関数を呼び出すコードだけを記述することもできます。

次の例は、リスト 2.1 の hellojs.html の JavaScript コードの部分を、print_date() という関数（function）として記述して、それを呼び出すように書き換えた HTML ドキュメントの例です。

リスト 2.3　hellojs2.html

```
<!DOCTYPE html>
<!-- hellojs2.html -->
<html lang="ja">
  <head>
    <title>こんにちは、JavaScript</title>
```

```
      <script type="text/javascript">
        // あとで呼び出すコードを関数として作っておく
        function print_date(){
          document.write("、JavaScript。");
          d = new Date();
          document.write("今日は、", d.getDate(), "日です。");
        }
      </script>

  </head>
  <body>
    <h1>ご挨拶</h1>
    <p>こんにちは
      <script type="text/javascript">
        print_date();          // 関数を呼び出す
      </script>
    </p>
  </body>
</html>
```

JavaScript のスクリプトをヘッドに埋め込んだ典型的な HTML ファイルの形式は次のようになります。

```
<html>
  <head>
    <meta http-equiv="Content-Type" content="text/html; charset=utf-8">
    <meta http-equiv="Content-Script-Type" content="text/javascript">
    <title>ページタイトル</title>
      <script type="text/javascript">
        function xxx(){
            (関数xxxの内容)
        }
        function yyy(){
            (関数yyyの内容)
        }
      </script>
  </head>

  <body>
```

```
    <script type="text/javascript"
      (JavaScriptのスクリプト、ヘッドに記述した関数を呼び出す)
    </script>
  </body>
</html>
```

> **Note** HTML5 では、JavaScript を記述するための script 要素は、HTML の html 要素か body 要素の内容として記述するか、あるいは、次に説明するように別のファイルとして記述します。たとえば、</head> と <body> の間に <script> タグを記述することはできません。

js ファイル

JavaScript のプログラムは必ず HTML ファイルの中に記述するというわけではありません。たとえば、JavaScript のプログラムだけのファイルを作成してそれを利用することもあります。

JavaScript のコードだけを別のファイルとして作成したいときには、拡張子が .js のテキストファイルに JavaScript のコードを記述します。たとえば、これまで使ってきたサンプルから JavaScript のコードを取り出して js ファイルを作るときには、次のようにします。

リスト 2.4 printdate.js

```
// printdate.js
document.write("、JavaScript。");
d = new Date();
document.write("今日は、", d.getDate(), "日です。");
```

これを、たとえば printdate.js という名前のテキストファイルとしてディスクに保存しておきます。

js ファイルを読み込む HTML ファイルでは、<script> タグに src 属性を追加して、src 属性の値に js ファイル名を指定します。

```
<script src="printdate.js">
</script>
```

または、

```
<script src="printdate.js" />
```

リスト 2.4 の js ファイルを読み込む HTML は次のようになります。

リスト 2.5　printdate.js を読み込む HTML

```
<!DOCTYPE html>
<!-- loadjs.html -->
<html lang="ja">
  <head>
    <title>こんにちは、JavaScript</title>
  </head>
  <body>
    <h1>ご挨拶</h1>
    <p>こんにちは
      <script type="text/javascript" src ="printdate.js" lang="ja">
      </script>
    </p>
  </body>
</html>
```

　この例の場合、printdate.js はこのファイルを読み込む HTML ファイルと同じディレクトリに保存しなければなりません。js ファイルとそれを読み込む HTML ファイルを別のディレクトリに保存する場合は、パスを指定する必要があります。たとえば、js ファイルをサブディレクトリ js に保存した場合の <script> タグは次のようになります。

```
<script src="./js/printdate.js" />
```

　また、JavaScript のみのファイル（.js）と HTML ファイル（.html）の文字エンコーディングを同じにしないと、いわゆる文字化けが発生します。

2.2 JavaScriptの基本的な要素

ここでは、JavaScriptのプログラムコードの中の基本的な要素を整理します。

空白

空白とみなされる、スペース、タブ、改行などの総称をホワイトスペースと呼びます。ここではホワイトスペースを「空白」と表記します。

JavaScriptのコードでは、比較的自由に空白をいくつでも入れることができます。たとえば、「document.write("、JavaScript。");」の代わりに、次のように空白を入れて書いてもかまいません。

```
document  .  write  (  "、JavaScript。"  )  ;
```

> **Note** ツールによっては、自動的に余分な空白が取り除かれて整形されるものがあります。

ただし、名前やキーワード、文字列リテラル("今日は、"のようなプログラムに埋め込まれた文字列)などを分断するような空白を入れることはできません。次の例は空白の入れ方を間違った例です。

```
docu ment.write("、JavaScript。");   // これは間違い
```

「document」はそれ自身でひとつのシンボルなので、「docu   ment」のようにすることはできません。

また、2文字で意味をなす演算子は、文字間に空白を入れることができません。たとえば、同じ(等価)であるかどうか示す演算子 == は2文字でひとつの意味をなす演算子なので、= = のように二つの文字の間に空白を入れることはできません。同様に空白を間に入れることができない2文字以上の演算子には、たとえば、不等であることを示す演算子 !=、論理積演算子 &&、演算結果を代入する演算子 += などがあります。

文字列リテラルの中の空白は、挿入した数だけそのまま評価されます。文字列リテラルとはプログラムの中に埋め込んだ文字列定数です。

たとえば、"ABC　　　DEF"のように空白を文字と文字の間に5個入れれば、出力されたときに空白5個ぶんだけスペースがあきます。

トークン（言語要素）の区切りとして必要な空白は削除できません。たとえば、var、if、returnなどのキーワードの前後には少なくともひとつ以上の空白が必要です（var dをvardとすることはできません）。

文字と名前

JavaScriptではUnicode文字を使います。注意したい点は、JavaScriptでは大文字／小文字が識別されるという点です。たとえば、あとで出てくる制御構文のifやswithはすべて小文字でなければなりません。IFやSwithなどとすると変数とみなされて、期待した結果になりません。

一方、HTMLのタグ名や属性名などは原則として大文字／小文字が区別されないと考えられます（ただし、HTML5では、タグや属性名などは必ず小文字で書きます）。

インデント

ソースコードを読みやすくするために、行の先頭をほかの行より右側に表示する目的で、行の始めに空白を入れることをインデント（字下げ）といいます。

JavaScriptの場合、インデントの目的はソースコードを見やすくするためだけですから、インデントしてもしなくても自由です。しかし、JavaScriptのコードの場合、{と}を使った範囲の内部をインデントしないと読みにくくなる傾向があります。特に、十数行以上の長いコードの場合は、{と}を使った範囲の内部やif文の次の行などはインデントしたほうがよいでしょう。

インデントには、スペース文字とタブ文字を使うことができます。インデントの幅（スペースでインデントする場合はスペースの数）に決まりはありませんが、空白2個、4個、8個のいずれかにすることが多いといえます。

コメント

コメントはソースプログラムの中に記述できる注釈です。コメントはプログラムの実行に影響を与えません。

> **Note** JavaScript のコメントと、HTML のコメント（<!-- -->）を混同しないでください。ここで学んでいるのは JavaScript のコメントです。JavaScript のコメントは <script> タグと </script> タグの間で使います。

コメントには、単一行コメントと区切り記号付きコメントがあります。

単一行コメントは、// で始まり、そのソース行の行末まで続きます。単一行コメントを行の途中から始めることもできます。

```
// これはコメント

if (a < b)  { // このように行の途中から記述することもできる
```

単一行コメント（// ...）を C++ スタイルのコメントと呼ぶことがあります。

区切り記号付きコメントは、/* で始まり、*/ で終わります。区切り記号付きコメントを C 言語スタイルのコメントあるいは複数行のコメントと呼ぶことがあります。

区切り記号付きコメントは、たとえば、次のように記述します。

```
/* これは区切り記号付きコメント */
```

区切り記号付きコメントの /* と */ の間には、改行を含めることができます。ですから、次のように 2 行以上に渡るコメントを記述することが可能です。

```
/* 区切り記号付きコメントなら、
2行以上のコメントも記述できる*/

/*
 * こんなふうにコメントブロックを
 * 記述することもできる。
```

```
*/

/********************************
*  これでもOK
********************************/

/* コメントの中の*や****は外見を整えるためのものです。*/
```

コメントをネストすることは認められていません。コメントのネストとは、「/* これは /* コメント */ のネスト */」のように、コメントの中にコメントを記述することです。

> **Note** 区切り記号付きコメントを複数行のコメントと呼ぶことがありますが、区切り記号付きコメントは 1 行だけでもかまいません。

リテラル

すでに見てきた " 今日は、" のようなプログラムに埋め込まれた文字列を文字列リテラルといいます。文字列リテラルのほかに、数値のリテラルもあります。

数値リテラルは、プログラムの中に埋め込まれた数値です。

10 進数のリテラルは、先頭に 0（ゼロ）以外の 10 進数の数字文字を使って表現します。負の数には先頭にマイナス記号（-）を付けます。

```
// 10進数のリテラルの例
var n = 1000;
var m = 123;
var l = -256;
```

8 進数のリテラルは、先頭に 0(ゼロ)を付けて、8 進数の数字文字(0 ～ 7)を使って表現します。負の数には先頭の 0 の前にマイナス記号（-）を付けます。

```
// 8進数のリテラルの例
var n = 0100;        // 10進数で64
var m = 0123;        // 10進数で83
var l = -020;        // 10進数で-16
```

16進数のリテラルは、先頭に 0x（ゼロと小文字の x）を付け、16進数の数字文字（0～9、A～F または a～f）を使って表現します。負の数には先頭の 0x の前にマイナス記号（-）を付けます。

```
// 16進数のリテラルの例
var n = 0x100;     // 10進数で256
var m = 0x1AC;     // 10進数で428
var l = -0x1f;     // 10進数で-31
```

実数のリテラルは、小数点数を表すコンマ（.）を使って表現するか、e または E を使った指数形式を使って表現します。負の数には先頭にマイナス記号（-）を付けます。

```
// 実数のリテラルの例
var v1 = 12.345;    // 10進数で12.345
var v2 = .128;      // 10進数で0.128
var v3 = 2.34e06;   // 10進数で2340000.0
var v4 = 1.2E-03;   // 10進数で0.0012
```

変数

変数は、値を保存することができるシンボルです。値は、数値でも文字列でもオブジェクト（の参照）でもかまいません。また、JavaScript では、関数を変数に保存することもできます。

JavaScript で変数を宣言するときには、キーワード var を使います。

```
var sum;
var msg;
```

変数を宣言すると同時に初期化する（値を設定する）こともできます。

```
var sum = 123;
var msg = "Hello, JavaScript.";
```

JavaScript の変数は、宣言しなくても使うことできます。

```
sum = 123;
total = sum * 2;
document.write("sum=", sum, "<br />");
document.write("total=", total, "<br />");
```

これは便利であるように思えますが、注意を払わないと問題の原因になりかねません。次の例のように、「sum」とタイプするところを間違えて「sam」とタイプしただけで、スクリプトの実行が止まってしまいます (あとの行のdocument.write() で出力されるはずの「sum=xxx」と「total=yyy」が出力されません)。

```
sum = 123;
total = sam * 2;                        // ここでスクリプトの実行が止まる
document.write("sum=", sum, "<br />");
document.write("total=", total, "<br />");
```

また、たくさんの似たような名前の変数を使っているときに、変数名を間違えてしまってもエラーにならないので、気づきにくい間違いが発生することがあります。たとえば、「x11 = 23;」で「x12 = 100;」のとき、「sum = x11 + x12」を計算して「sum=123」という結果を得たいとします。そのとき、次のように式を間違えて「「sum = s11 + x12」としたとします (s11はほかの目的で使っている有効な変数であるとします)。

```
x11 = 23;
x12 = 100
s11 = "432"
sum = s11 + x12;
document.write("sum=", sum, "<br />");
```

この場合、「sum=123」ではなく、「sum=432100」が出力されてしまいます。しかも、このとき、エラーメッセージや警告は表示されません。この問題は、「データ型」と呼ぶものと関係しています。

本来、データには型があります。たとえば、"Hello, JavaScript" という値の型は文字列型という型であり、「123」という数は整数値です。このようなデータの種類をデータ型といいます。JavaScript にも、データ型として、数値、文字

列、論理値という基本データ型があります。しかし、JavaScript の変数は特定のデータ型にはなりません。キーワード var を使って宣言した場合でも、var を使って宣言しないで使った場合でも、JavaScript の変数は特定のデータ型を持ちません。変数のデータ型は必要に応じて適切と考えられる型に変換されます。これを、変数のデータ型は自在に変化する、あるいは、JavaScript の変数にはデータ型がない、と考えてもかまいません。

変数のデータ型は変化するので、たとえば同じ変数 v に数値を保存したり文字列を保存する次のようなコードを実行できます。

```
var v = 100;              // 変数vを宣言して数値を保存する
v += 23;                  // 整数の演算を行う（「v += 23」は「v = v + 23」と同じ）
document.write("v=", v, "<br />");  // 「v=123」と出力される

v = "Hello, JavaScript.";             // vに文字列を代入する
document.write("v=", v, "<br />");  // 「v=Hello, JavaScript.」と出力される
```

これは便利そうですが、注意を払わないと見つけにくいバグの原因となることがあります。次の例を見てください。

```
var v = 100;

x = v + 23;
document.write("x=", x, "<br />");     // 「x=123」と出力される

x = v + "23";
document.write("x=", x, "<br />");     // 「x=10023」と出力される
```

最初の式「x = v + 23」では v は整数の 100 であるものとみなされて次の行で「x=123」と出力されますが、第 2 の式「x = v + "23"」では v は文字列の "100" であるものとみなされて次の行で「x=10023」と出力されます。

型が自在に変化するという変数の性質から発生する問題を減らすためには、変数を使うときには次のガイドラインに従うとよいでしょう。

- 変数は var を使って宣言する。このとき、特定のデータ型で初期化する。
- ひとつの変数に異なるデータ型の値を保存しないようにする。

JavaScript

　変数の自動的な型変換について十分経験を積んで慣れたら、自動的な型変換を積極的に使ってもかまいません（vが整数であるときに「x = v + "23"」のような式を書いてもかまいません）。

整数と実数

　JavaScript では、数はすべて実数で保存されて実数で演算されます。そのため、数が整数であるか実数であるかということを気にする必要はありません。

　実数計算では誤差が出るという点に注意する必要があります（実数は、表現する数によってはコンピュータの内部で正確に表現できないためです）。

　次の例は、「v = 3.14 + 0.00159」という式がある JavaScript のスクリプトを含む HTML ファイルの例です。

```
<!DOCTYPE html>
<!-- merror.html -->
<html lang="ja">
  <head><title>数値のテスト</title></head>
  <body>
    <script type="text/javascript">
    v = 3.14 + 0.00159;
    document.write("v=", v);
    </script>
  </body>
</html>
```

　これを実行すると、「v=3.14159」と出力されることを期待しますが、実際には「v=3.1415900000000003」のような値が出力されるはずです（筆者が試した環境ではすべてこの値でした）。つまり、この時点で 0.0000000000000003 の誤差が発生していることになります。この誤差はわずかなので、一般的な計算では問題にならないでしょう。しかし、高精度の計算が必要なときには問題になることがあります。

> **Note** JavaScript は高精度の実数計算にはあまり適していません。高精度の実数計算を行いたいときには、FORTRAN のような科学技術計算用のプログラミング言語を使うか、ほかのプログラミング言語で倍精度浮動

小数点数型のような高い精度の実数型をサポートしている言語を使います。

関数

JavaScriptでは、特定の機能を持った一連のコードを関数として作成しておき、あとで呼び出すという方法をよく使います。

リスト2.3のhellojs2.htmlでは、print_date()という名前の関数（function）を作成して呼び出しました。

```
<head>
  <script type="text/javascript">
    // あとで呼び出すコードを関数として作っておく
    function print_date(){
      document.write("、JavaScript。");
      d = new Date();
      document.write("今日は、", d.getDate(), "日です。");
    }
  </script>
</head>

<body>
  <script type="text/javascript"> // 関数を呼び出す
    print_date();
    </script>
</body>
```

関数は呼び出されたところに値を返すことができます。値を返すときにはキーワードreturnを使います。

次の例は、二つの引数aとbを加えた結果を返す関数の例です。

```
function add2val( a, b ){
  return a + b;
}
```

関数は関数の中でその関数自身を呼び出すこともできます。これを再帰といいます。次の例は、関数の中で自分自身を呼び出す関数factor()の例です。

```
function factor(n){
  if (n <= 1)
    return 1;
  return n * factor(n-1);
}
```

2個の引数の値を加算して返す関数add2val()と引数の階乗を計算する関数factor()を使うHTMLファイルの例を示します。

リスト2.6　func.html

```
<!DOCTYPE html>
<!-- func.html -->
<html>
  <head>
    <meta http-equiv="Content-Type" content="text/html; charset=utf-8">
    <meta http-equiv="Content-Script-Type" content="text/javascript">
    <title>関数のテスト</title>
    <script type="text/javascript">
      function add2val(a, b){
        return a + b;
      }
      function factor(n){
        if (n <= 1)
          return 1;
        return n * factor(n-1);
      }
    </script>
  </head>
  <body>
    <script type="text/javascript">
      document.write("1+5=", add2val(1, 5), "<br />" );
      document.write("1の階乗=", factor(1), "<br />" );
      document.write("2の階乗=", factor(2), "<br />" );
      document.write("3の階乗=", factor(3), "<br />" );
    </script>
  </body>
</html>
```

【実行結果】
```
1+5=6
1の階乗=1
2の階乗=2
3の階乗=6
```

JavaScript の関数を書く場所は比較的自由です。たとえば、関数を呼び出す前に書いても、関数を呼び出したあとに書いてもかまいません。次のようなスクリプトも実行可能です。

```
<script type="text/javascript">
  function factor(n){
    if (n <= 1)
      return 1;
    return n * factor(n-1);
  }

  document.write("1+5=", add2val(1, 5), "<br />" );
  document.write("1の階乗=", factor(1), "<br />" );
  document.write("2の階乗=", factor(2), "<br />" );
  document.write("3の階乗=", factor(3), "<br />" );

  function add2val(a, b){
    return a + b;
  }
</script>
```

【実行結果】
```
1+5=6
1の階乗=1
2の階乗=2
3の階乗=6
```

さらに、JavaScript では関数の中に別の関数を記述することができます。次の例は、2点間の距離を計算する関数 distance() の中に、この関数の内部で使う2個の関数 diff() と square() を記述した JavaScript のスクリプトの例です。

```
function distance(x1, y1, x2, y2){
  function diff(a, b){
```

```
    return a - b;
  }
  function square(x) {
    return x*x;
  }
  return Math.sqrt( square(diff(x1, x2)) + square(diff(y1, y2)) );
}
document.write("(1,1)-(4,5)の距離=", distance(1,1, 4,5), "<br />" );
```

【実行結果】
(1,1)-(4,5)の距離=5

2.3 制御構造

スクリプトのコードは、原則としてソースコードに書かれた通り順に実行されます。しかし、プログラムの中で、コードの実行順序を指定したいことがあります。そのようなときには、実行制御構文を使います。

条件分岐

JavaScript で特定の条件に応じて次に実行するコードを実行時に決定したいときには、if ステートメントや switch ステートメントを使います。

if

条件に応じて、あるステートメントを実行したり、あるいは、特定の条件のときにあるステートメントを実行しないようにしたいときがあります。そのようなときに使う代表的な制御文が if ステートメントです。

if ステートメントの書式は次の通りです。

```
if (expr)
    statement1
```

```
else
    statement2
```

　exprは条件式で、この式の値が真（true）であるとき、statement1が実行されます。statement2は条件式が偽（false）のときに実行されます。JavaScriptでは、条件式exprを必ず（と）で囲むことに注意してください。
　次の例は、今日の日付の値である変数dateの値が15より小さい場合は「月の前半です。」と出力し、dateの値が15以上のときは「月の後半です。」と出力するスクリプトの例です。

```
var d = new Date();
var date = d.getDate();
document.write("今日は、", date, "日。<br />");
if (date < 15)
  document.write("月の前半です。");
else
  document.write("月の後半です。" );
```

【実行結果】
今日は、26日。
月の後半です。

　この場合、条件式exprは「date < 15」であり、statement1が「document.write("月の前半です。");」、statement2が「document.write("月の後半です。");」です。
　elseとstatement2は省略することができます。

```
if (date == 1)
  document.write("月はじめです。");
```

　なお、条件式で、値が同じかどうか調べるときには、==演算子（イコール2個、等値の場合）または===演算子（イコール3個、同値の場合）を使います。
　次の例のように、比較のつもりで＝（イコール1個）を使うと、実際には代入になり（dateが1になり）、常に条件式が真であるとみなされ、常に「月はじめ

です。」と出力されてしまいます。

```
if (date = 1)
  document.write("月はじめです。");
```

条件に応じて実行するステートメントを { と } を使って囲めば、ステートメント（statement1、statement2）に複数のステートメントを記述できます。次の例は、ユーザーが入力した値に従って数が正の数であるか負の数であるか出力するとともに、数が正の数なら 2 倍し、負の数なら −1 をかけることによって正の数にして、結果を出力するコードの例です。

```
var n = prompt("数値を入力してください。", 0);
if (n > 0) {
  document.write(n, "は正の数です。2倍します。<br />");
  n = n * 2;
} else {
  document.write(n, "は負の数です。-1をかけて正の数にします。<br />");
  n = n * (-1);
}
document.write("nは", n, "になりました。");
```

【実行結果】（太字はユーザー入力）
25
25は正の数です。2倍します。
nは50になりました。

この場合、条件式「n > 0」が真である場合（nが0より大きい場合）、「は正の数です。2倍します。（改行）」を出力してnを2倍します。そうでなければ、「は負の数です。-1 をかけて正の数にします。（改行）」を出力して、nに −1 をかけて正の数にします。

なお、このスクリプトで使っている prompt() はダイアログボックスを表示してユーザーの入力を求める window クラスのメソッドですが、ここではユーザーからの入力を受け取るために使う関数であると理解しておいてください。

複数の if...else ステートメントを使って、ネストした if...else 構造を作ることもできます。

```
if (expr)
   statement1
else if (condition2)
   statement2
else if (condition3)
   statement3
...
else
   statementN
```

この構造は、次のようにインデントするとわかりやすくなります。

```
if (expr)
   statement1
else
   if (condition2)
      statement2
   else
      if (condition3)
         ...
```

つまり、最初のifの条件式が偽であるときに、第2のifステートメントが評価されます。

次の例は、ネストしたif...else構造を使ったスクリプトの例です。

```
var d = new Date();
var date = d.getDate();
document.write("今日は、", date, "日です。<br />");
if (date == 1)
```

```
      document.write("今月のスケジュールを確認してください。");
    else
      if (date > 28)
        document.write("来月のスケジュールはできていますか？");
      else
        if (date > 20)
          document.write("来月のスケジュールを立てましょう。");
```

【実行結果】
今日は、26日です。
来月のスケジュールを立てましょう。

この場合、日付が1日なら「今月のスケジュールを確認してください。」と出力し、日付が21日～28日なら「来月のスケジュールを立てましょう。」と出力し、日付が29日以降なら「来月のスケジュールはできていますか？」と出力します。

> **Note** JavaScriptは大文字／小文字を区別します。ifステートメントは必ず小文字でifと書いてください。IFあるいはIfと書くと変数とみなされ、シンタックス（文法）エラーになります。なお、ほかの制御ステートメントのキーワードも、すべて小文字です。

switch

条件の値に応じて異なるステートメントを実行したい場合があります。たとえば、変数nの値が0のときにあるコードを実行し、nが1のときには別のコードを実行し、nが2のときにはさらに別のコードを実行したい、というような場合です。条件を決定する値に応じて実行するステートメントを切り替えるためのキーワードとして、switchがあります。

switchステートメントの書式は次の通りです。

```
switch (expr) {
  case label1:
      statement1
```

```
        [break;]
    case label2:
        statement2
        [break;]
    ...
    case labeln:
        statementn
        [break;]
    default:
        statement_def
        [break;]
}
```

*expr*には各ラベル（*labeln*）と一致するか調べる式を指定します。一般的には整数や文字列を含む変数を指定します。

*labeln*は *expr* と一致するかどうか調べるのに使う識別子で、*expr* が *labeln*と一致したら *statementn* が実行されます。

*statement_def*は、*expr* がいずれのラベルにも一致しなかった場合に実行されるステートメントです（デフォルトのステートメント）。

次の例は、prompt()を使ってユーザーから数字を受け取って変数 n に保存したのち、switch ステートメントを使って n の値に応じて「Zero」「One」「Other」のいずれかを出力する例です。

```
  var n = prompt("数値を入力してください", 0);
switch (n){
  case "0":
    document.write("Zero");
    break;
  case "1":
    document.write("One");
    break;
  default:
      document.write("Other");
```

```
    break;
  }
```

　nが"0"の場合は、「case "0":」のあとで次の「break」の直前の行までのコードが実行されます。この場合は「document.write("Zero")」が実行されるので、nが"0"の場合は「Zero」と出力されます。同様に、nが"1"の場合は、「case "1"」のあとの「break」までのコードが実行されて「One」と出力されます。nが"0"でもなく"1"でもない場合は、「document.write("Other")」が実行されて「Other」が出力されます。つまり、「default」はほかのcaseに一致する値がないときに実行するデフォルトのコードを記述するというわけです。

> **Note** この例の場合、prompt()で返されて変数nに保存した数値は文字列として保存されます。そのため、「case "0":」や「case "1":」としています。これを「case 0:」や「case 1:」にするためには、nの値を数値に変換する必要があります。

　なお、「default」のあとのbreakは省略してもしなくてもプログラムの動作に影響はありませんが、あとでcase文を追加したようなときにbreakを忘れないためにも、省略しないほうがよいでしょう。
　caseステートメントのあとでbreakを使わないと、caseで一致する値を複数指定することもできます。
　次の例は、nが"0"のときにbreakを使わずに次の「case "1"」のあとのコードを実行するようにして、結果としてnが"0"のときとnが"1"のときに「Zero or One」を出力するようにしたスクリプトの例です。

```
var n = prompt("数値を入力してください", 0);
switch (n){
  case "0":                    // nが"0"のときと
  case "1":                    // nが"1"のとき
    document.write("Zero or One");
    break;
  default:                     // それ以外のとき
      document.write("Other");
    break;
}
```

繰り返し

プログラムの中で、一連のコードを繰り返して実行したいことがあります。JavaScript で繰り返しに使うキーワードには、for、while、do...while などがあります。

for

プログラムコードを繰り返すときに使う最も基本的なステートメントは for ステートメントです。

for ステートメントの書式は次の通りです。

```
for (expr1; expr2; expr3)
    statement
```

expr1 は初期化式、*expr2* は終了条件、*expr3* はループごとに実行する式です。たとえば、0 から 9 までの数を加算するときには次のようにします。

```
var x = 0;
for (i=0; i<10; i++)
  x += i;
document.write("0〜9を加算した値=", x);
```

【実行結果】
```
0〜9を加算した値=45
```

for ステートメントの () の中の最初の式は初期化式で、ループを開始する前に実行したい式を記述します。上の例ではこの式は「i=0」で、i をゼロで初期化します。このときの i のような変数を特にカウンタ変数と呼ぶことがあります。

ループを終了する条件は () の中の最初の；（セミコロン）のあとに書きます。上の例ではこの式は「i<10」で、これは i の値が 10 未満であるという条件を示

します。

ifステートメントの()の中の2番めの;のあとには、ループを繰り返すごとに実行したい式を書きます。上の例では、この式は「i++」でこれはiの値を1だけ増やします（値を1だけ増やすことを、インクリメントするといいます）。

forは、通常、繰り返しの回数があらかじめわかっているか、あるいは、繰り返すステートメントの中でカウンタ変数が必要であるときに使います。

forステートメントのカウンタ変数は、典型的には繰返しごとに1だけ増やしますが、任意の式を指定することができます。次の例は、0から9までの数のうち、2の倍数（0、2、4、6、8）を加算するコードの例です。

```
var x = 0;
for (i=0; i<10; i+=2)
  x += i;
document.write("0〜9の中の偶数を加算した値=", x);
```

なお、forステートメントの初期化式や繰り返しごとに評価される式には、カンマ（,）を使って、複数の式を記述することができます。次の例は、カウンタ変数としてiとjの2個を使うスクリプトの例です。

```
var x = 0;
for (i=0, j=1; i<10; i++, j++)
  x = i + j * 2;
document.write("x=", x);
```

【実行結果】
```
x=29
```

while

ループの中でカウンタ変数を必要とせず、単にループを継続する条件式だけを考慮すればよい場合には、whileステートメントを使います。

whileステートメントの書式は単純で、次の通りです。

```
while (expr)
    statement
```

*expr*は条件式で、ループを継続する条件式を (と) とで囲んで記述します。たとえば、この式を「i < 10」とすると、変数iの値が10未満である間、ループを継続することになります。

*statement*は繰り返して実行するステートメントで、{ と } で囲むことによって複数のステートメントを記述することもできます。

whileステートメントを使ったループは、通常、繰り返しのコードを実行する前に条件式を評価したいときに使います。

次の例は、0から9までの数を加算するコードの例です。

```
var x = 0;
var i =0;
while (i<10){
  x += i;
  i++;
}
document.write("0～9を加算した値=", x);
```

【実行結果】
0～9を加算した値=45

> **Note** 上の例で、ループの先頭で条件式（i<10）を評価していることを覚えておいてください。このあとの do...while ステートメントでは、ループの最後に条件式を評価します。

whileの条件式にtrueを指定することで、無限ループを作ることができます。ただし、このテクニックを使うときには、breakステートメントなどを使ってループから確実に抜け出せるように注意を払う必要があります。

次の例はwhileの無限ループの例で、この場合、ifステートメントを使って

xの値が50を超えたらループから抜け出ます。

```
var x = 0;
var i =0;
while (true){
  x += i;
  i++;
  if (x > 50)
     break;          // ループから抜け出る
}
document.write("x=", x);
```

【実行結果】
```
x=55
```

do...while

プログラムコードを繰り返すためのステートメントのバリエーションとして、do...whileステートメントがあります。

whileステートメントの書式は単純で、次の通りです。

```
do
    statement
while (expr)
```

do...whileステートメントは条件式 expr が真（true）である間、ループを繰り返し続けますが、式 statement の評価をループの後で行うという点に特徴があります。

次の例は、do...whileの例です。

```
var x = 0;
var i =0;
do{
```

```
  x += i;
  i++;
}while (i < 10)
document.write("0～9を加算した値=", x);
```

【実行結果】
0～9を加算した値=45

このような、評価する条件式が最後にあるステートメントは、通常、繰り返しのコードを少なくとも1回は実行したあとで条件式を評価したいときに使います。

> **Note** 厳密には繰り返しの制御構造ではありませんが、オブジェクトのすべてのプロパティの名前や値に対して順に何かするためのステートメントとして for...in と for each...in があります。

その他の実行制御

条件判断やループのほかに、break、continue、return などの実行制御ステートメントがあります。

break

break はすでに見た switch ステートメントである case を抜けることに使います。

```
switch (n){
  case "0":                  // nが0のとき
    document.write("Zero");
    break;
  default:                   // それ以外のとき
    document.write("Other");
    break;
}
```

また、これもすでに見ましたが、ループから抜け出るときにも break を使います。

```
var x = 0;
var i =0;
while (true){
  x += i;
  i++;
  if (x > 50)
      break;         // ループから抜け出る
}
document.write("x=", x);
```

continue

ループの途中で、あとのコードを実行しないでループの先頭に戻るときには continue を使います。次の例は、変数 i の値を 2 で割った余り（i % 2）が 1 のときには continue を実行してループの先頭にジャンプすることで、結果として 2 〜 10 までの偶数だけを出力するスクリプトの例です。

```
var i =0;
while (i < 10){
  i++;
  if (i % 2)                    // 奇数ならループの先頭に戻る
    continue;
  document.write(i, "<br />");
}
```

【実行結果】
```
2
4
6
8
10
```

「if (i % 2)」は、「if ((i % 2) == 1)」と書いても結果は同じですが、JavaScript のプログラミングに慣れたら、「if (i % 2)」のような短い書き方を

活用するとよいでしょう。

return

returnは関数を終了して呼び出し側に戻ります。このとき、returnのあとに値を指定した場合は、その値が呼び出し側に返されます。次の例は、二つの引数aとbを加えた結果を返す関数の例です。

```
function add2val( a, b ){
  return a + b;
}
```

関数の途中でreturnが実行されると、その関数の残りの部分が実行されずに呼び出し元に戻ります。次の例の関数printEven()は、引数nの値を2で割った余り (n % 2) が1のときにはreturnを実行して何もせずに呼び出し元に戻り、そうでなければnの値と改行を出力します。結果として、このスクリプトは0～8までの偶数だけを出力します。

```
function printEven(n) {
  if (n % 2)              // 奇数なら (nを2で割った余りが1なら)
    return;                // 関数から呼び出し元に戻る
  document.write(n, "<br />");
}
for (i=0; i<10; i++){
  printEven(i);
}
```

【実行結果】
```
0
2
4
6
8
```

ラベル

JavaScriptのコードの特定の場所に名前を付けて、そこにbreakやcontinueステートメントでジャンプするようにすることができます。ラベルは、名前のあとにコロン（:）を付けて定義します。次の例は、ループにMyLoopという名前を付けた例です。このループの中で変数iをインクリメントしていきながら変数xにiの値を加算し、iを7で割った余りが6になったときにbreakでMyLoopという名前を付けたループから抜け出ます。

```
var x = 0;
var i =0;
MyLoop:
while (x < 100){
  x += i++;
  if ((i % 7) == 6)
    break MyLoop;
}
document.write("x=", x);
```

【実行結果】
```
x=15
```

このプログラムは、1から5までの整数を加算した結果を出力するという操作を難しい方法で実行しているに過ぎませんが、ラベルを使うひとつの例として示しました。

> **Note** 他の言語にあるgotoは、JavaScriptでは予約語ですが、JavaScriptではジャンプのステートメントとして使うことはできません。

MEMO

2.4 演算

ここでは、式、演算子、演算子の優先順位などについて解説します。

一般に「式」というと、代数で見る「$n = a + b$」や「$y = f(x)$」のようなものと考えるかもしれません。しかし、プログラミングにおける式の定義は代数とは少し異なります。

式と値

式は値を決定できるものです。値を決定ことを、式を評価するといいます。

たとえば、次の式は、まず、1に3を加えた値4を決定します。次に、その値をxに代入してxの値を決定します。

```
x = 1 + 3;
```

式は値が決定できればよいものなので、たとえ変数ひとつでも式とみなすことができます。たとえば、次のifステートメントは、式nの値を評価して次のステートメントを実行するかどうか決定します。

```
if (n)
  document.write("ゼロでない。");
```

この場合、「式」は変数nだけであり、この値がゼロでなければifステートメントの条件は真とみなされて「"ゼロでない。"」と出力されます。これは次のコードと同じ意味です。

```
if (n != 0)
  document.write("ゼロでない。");
```

このほか、値を返す関数isNantoka()があるものとすると、それを呼び出す次のようなコードも式とみなされます。

```
if ( isNantoka(x) )
  document.write("なんとかかんとか。");
```

この場合、if ステートメントは関数 isNantoka() が返した値を条件式として評価します。

代入式

「n = a + b」のような、右辺の式を評価した結果を左辺の変数に代入する式を代入式といいます。

JavaScript では、ひとつのステートメントで複数の変数に代入を行うことができます。たとえば、次の式では、変数 a、b、c が共に 5 になります。

```
a = b = c = 5;
```

これは次のように考えます。まず、一番右側の「c = 5」が評価されて c が 5 になります。次に「b = c」が評価されて b が c の値（つまり 5）になり、さらに次に「a = b」が評価されて a が b の値（つまり 5）になります。

c の値が確定しているとき（たとえば事前に c=0 が実行されているとき）に「a = b = c + 1」は実行できますが、次のような式はエラーになります。

```
a = b + 1 = 5;        // これは間違い
```

5 という値を式「b + 1」に代入できないからです。

特殊な値

JavaScript には、特殊な値として、Infinity、NaN、undefined があります。これらの値はどのオブジェクトとも関連付けられていないグローバルオブジェクトのプロパティとして定義されています。

Infinity は無限大を表します。次の例では、x は Infinity になります。

```
var a = 3, b= 0
var x = a / b;
document.write("x=", x, "<br />");
```

> **Note** 他のプログラミング言語では、数をゼロで割ると例外と呼ぶ事態が発生しますが、現在までのバージョンの JavaScript では結果は Infinity になります。

NaN は数値でない（非数、Not-A-Number）を表します。NaN は、たとえば文字列表現の数値を数に変換するような関数で、対象とする値を数に変換できないようなときに返されます。

NaN は常にあらゆる数値（NaN を含む）と等しくありません。そのため、NaN との比較することで非数であるかどうか決定できません。非数であるかどうか調べるときには関数 isNaN() を使います。

> **Note** Number オブジェクトにも NaN があります（Number.NaN があります）が、この NaN はどのオブジェクトとも関連付けられていないグローバルオブジェクトの NaN と同じです。

undefined は未定義であることを表します。次の例は、変数 x を宣言したものの、値を指定してないので x は undefined になります。

```
var x;
document.write("x=", x, "<br />");
```

上記の 3 種類の値に加えて、JavaScript には、null というキーワードがあります。null は値がないことを示します。C/C++ とは異なり、JavaScript の null は 0 ではありません。

なお、this は現在のオブジェクトを表し、void はオペランドの値を破棄して未定義値を返すキーワードですが、いずれも演算子として定義されています。

演算子

値を加算したり代入したりするようなときに使うシンボルを演算子といいます。

JavaScript の演算子には以下のようなものがあります。

算術演算子

算術演算子は、加減乗除と割り算の余りなどを求める演算子です。また、値を1だけ増減する演算子や値の符号を反転する演算子もあります。JavaScriptの算術演算子を表2.1に示します。

表2.1 算術演算子

演算子	機能	例
+	加算	a + b（aとbを加算する）
-	減算	a - b（aからbを引く）
*	乗算	a * b（aとbをかける）
/	除算	a / b（aをbで割る）
%	剰余	a % b（aをbで割った余りを求める）
++	インクリメント	++a(aを1だけ増やす)、a++(aを返してから1だけ増やす)
--	デクリメント	--a(aを1だけ減らす)、a--(aを返してから1だけ減らす)
-	負（単項）	-a（aを負の値にする）

JavaScriptの剰余（%、モジュロ）演算子は、実数の余りを計算します。たとえば「5 % 2」の結果は1です。

剰余演算は、通常は二つの整数の値を使って行います。しかし、JavaScriptの剰余演算子は、実数の余りも計算することができます。

次の例は、実数で剰余を計算するスクリプトの例です。Math.random()は、0以上1未満のランダムな実数値を返します。そうして得られた数を100倍することによってaには0以上100未満の実数が、10倍することによってbには0以上10未満の実数が保存されます。

```
var a = Math.random() * 100;
var b = Math.random() * 10;
document.write("a=", a, "<br />");
document.write("b=", b, "<br />");
var x = a % b;
document.write("a % b=", x, "<br />");
```

【実行結果】
```
a=63.914460589029254
b=7.1216897434074795
```

```
a % b=6.940942641769418
```

インクリメント演算子とデクリメント演算子は、特に注意を払う必要があります。

インクリメント／デクリメント演算子は、値を1だけ増やしたり減少させる演算子です。インクリメント／デクリメント演算子は、変数の前に記述することも、変数のあとに記述することもできます。変数の前に記述するインクリメント／デクリメント演算子を前置演算子といい、変数のあとに記述するインクリメント／デクリメント演算子を後置演算子といいます。

前置演算子は変数の前に演算子を書きます（たとえば ++x）。前置演算子は演算子を適用してから（値を増減してから）式全体を評価します。たとえば、x が5であるあとに ++x という式があった場合、++ 演算子を変数 x に適用して値を6にします。

後置演算子は変数のあとに演算子を書きます（たとえば x++）。後置演算子は変数を評価してから、演算子を適用します（値を増減します）。たとえば、x が5であるあとに x++ という式があった場合、まず変数 x の値5を評価し（通常は、変数 x の値5を代入や計算などに使い）、そのあとで ++ 演算子に適用して変数 x の値を6にします。

```
document.write("++x=", ++x, "<br />");   // 結果は「++x=6」
document.write("y+=", y++, "<br />");    // 結果は「y+=5」
document.write("y=", y, "<br />");       //（yが評価されたあとで++が機能して6になる）
```

代入演算子

代入演算子は、値を代入したり、演算結果を代入するときに使う演算子です。JavaScript の代入演算子を表2.2に示します。

表2.2　代入演算子

演算子	機能	例
=	代入	a = 3は、aに3が代入される
+=	加算代入	a += 3は、a = a + 3と同じ
-=	減算代入	a -= 3は、a = a - 3と同じ

演算子	機能	例
*=	乗算代入	a *= 3 は、a = a * 3 と同じ
/=	除算代入	a /= 3 は、a = a / 3 と同じ
>>=	符号伝播右シフト代入	a >>= b は、a = a >> b と同じ
<<=	左シフト代入	a <<= b は、a = a << b と同じ
>>>=	ゼロで埋める右シフト代入	a >>>= b は、a = a >>> b と同じ
&=	AND 代入	a &= b は、a = a & b と同じ
|=	OR 代入	a |= b は、a = a | b と同じ
^=	排他的 OR 代入	a ^= b は、a = a ^ b と同じ

= は単純な代入演算子です。= 演算子以外は、演算結果を代入します。

>>=、<<=、>>>= については、ビット演算子（<<、>>、>>>）を参照してください。

ビット演算子

ビット演算子はビット単位の操作を行います。JavaScript のビット演算子を表 2.3 に示します。

表2.3　ビット演算子

演算子	機能	例
&	ビットごとの AND	a=10、b=3 のとき、a & b=2
|	ビットごとの OR	a=10、b=3 のとき、a | b=11
^	ビットごとの XOR（排他的 OR）	a=10、b=3 のとき、a ^ b=9
~	ビットごとの NOT（補数）	a=10 のとき、~a=-11
<<	左シフト	a=10 のとき、a << 3=80
>>	符号伝播右シフト	a=10 のとき、a >> 3=1
>>>	ゼロで埋める右シフト	a=10 のとき、a >>> 3=1

ビット操作を行う演算子のうち、代表的なものを以下に示します（この説明では、わかりやすくするために値の下位 4 ビットだけを示します）。

ビットごとの AND 演算子 & は、二つの値を 2 進数で表現して、どちらのビットも 1 である 2 進数を求めます。

```
var a = 10, b = 3;
n = a & b;      // nは2になる
```

```
document.write("n=", n, "<br />");
```

図2.2　ビットごとのAND（&）

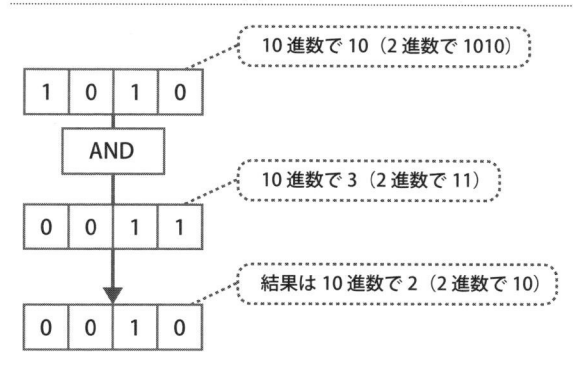

```
1 0 1 0       ……10進数で10（2進数で1010）
  AND
0 0 1 1       ……10進数で3（2進数で11）

0 0 1 0       ……結果は10進数で2（2進数で10）
```

　ビットごとのOR演算子 | は、二つの値を2進数で表現して、どちらかのビットが1または両方のビットが1である2進数を求めます。

```
var a = 10, b = 3;
n = a | b;       // nは11になる
document.write("n=", n, "<br />");
```

図2.3　ビットごとのOR演算子（|）

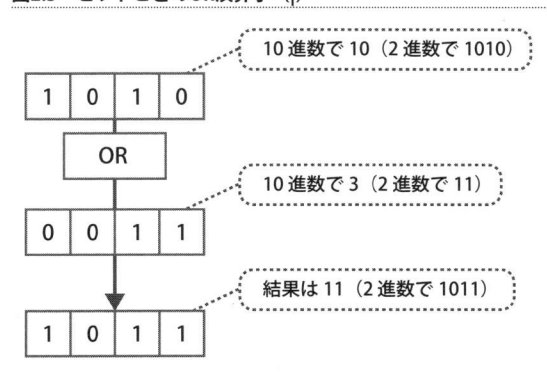

```
1 0 1 0       ……10進数で10（2進数で1010）
   OR
0 0 1 1       ……10進数で3（2進数で11）

1 0 1 1       ……結果は11（2進数で1011）
```

　ビットごとの排他的OR演算子 ^ は、二つの値を2進数で表現して、どちらか一方のビットが1である2進数を求めます。

```
var a = 10, b = 3;
n = a ^ b;        // nは9になる
document.write("n=", n, "<br />");
```

図2.4　ビットごとの排他的OR演算子（^）

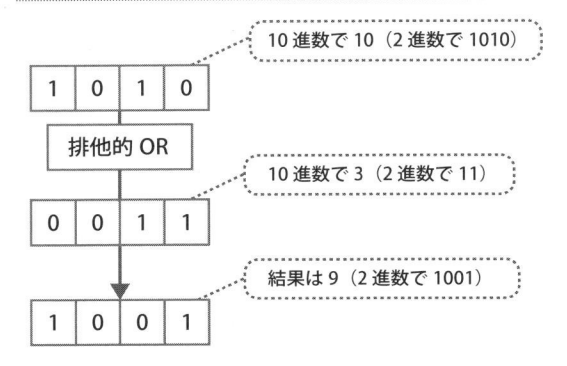

```
┌─┬─┬─┬─┐
│1│0│1│0│ ……… 10進数で10（2進数で1010）
└─┴─┴─┴─┘
  排他的 OR
┌─┬─┬─┬─┐
│0│0│1│1│ ……… 10進数で3（2進数で11）
└─┴─┴─┴─┘
      ↓
┌─┬─┬─┬─┐
│1│0│0│1│ ……… 結果は9（2進数で1001）
└─┴─┴─┴─┘
```

関係演算子

関係演算子は比較演算子ともいい、演算子の左右の関係を調べた結果を返します。JavaScript の関係演算子を表 2.4 に示します。

表2.4　関係演算子

演算子	機能	例
==	等値	aとbが同じ値であるとき、a == b は true
!=	不等価	aとbが異なる値であるとき、a != b は true
===	同値	aとbが型変換なしで同じ値であるとき、a === b は true
!==	不同値	aとbが型変換なしで異なる値であるとき、a !== b は true
<	より小さい	aがbより小さい値であるとき、a < b は true
>	より大きい	aがbより大きい値であるとき、a > b は true
<=	より小さいか等しい	aがbより小さいか同じ値であるとき、a <= b は true
>=	より大きいか等しい	aがbより大きいか同じ値であるとき、a >= b は true

等値演算子（==）は左右の値が等しいときに true を返しますが、「等しい」の意味は値の型によって異なります。値の型が、数値、文字列、論理値の場合は、値が等しいかどうかで評価されます。オブジェクト、配列、関数の場合は参照が等しいかどうかで評価されます。つまり、obj1==obj2 の場合、obj1 と obj2 の値が同じであっても、別の場所にあるオブジェクトであれば false になります。

同値演算子（===）は、値の型変換を行わないで、左右の値が等しいときに true を返します。

> **Note** 関係演算子の中には、2個の記号または3個の記号を連続して使うものがあります。そのような演算子の記号の間に空白を入れることはできません（「<=」を「< =」としてはなりません）。

論理演算子

論理演算子は、論理演算を行います。JavaScript の論理演算子を表 2.5 に示します。

表2.5 論理演算子

演算子	機能	例
&&	論理積（条件 AND）	a=b=true のとき、a && b = true（両方が true なら true）
||	論理和（条件 OR）	a=true または b=true のとき、a || b = true（一方が true なら true）
!	論理否定（NOT）	a=true のとき、!a = false

次の論理積（条件 AND）を含むスクリプトの例は、「a * b == c」と「c < 10」という二つの式がともに真であるとき、「a*b は 10 未満」と出力する例です。

```
var a =1, b=3, c=3;
if ( (a * b == c) && c < 10)
  document.write("a*bは10未満");
```

文字列演算子

文字列演算子は、文字列を連結します。JavaScriptの文字列演算子を表2.6に示します。

表2.6　文字列演算子

演算子	機能	例
+	文字列の連結	a="abc"、b="xyz"のとき、a + b ="abcxyz"
+=	文字列の連結代入	a="abc"のとき、a += "xyz" = "abcxyz"

メンバー演算子

メンバー演算子は、オブジェクトのプロパティを参照します。メンバー演算子の使い方は、「オブジェクト指向プログラミング」で解説します。JavaScriptのメンバー演算子を表2.7に示します。

表2.7　メンバー演算子

演算子	機能	例
.	オブジェクトのメンバー	「object.property」の形式で使う
[]	オブジェクトのメンバー	「object["property"]」の形式で使う

[]を使う場合、プロパティは文字列で指定します。

特殊演算子

特殊演算子として、JavaScriptには表2.8に示すような演算子があります。

表2.8　特殊演算子

演算子	機能	説明
?:	条件演算	a =n ? x : yで、nがtrueのときa = x、nがfalseのときa = y
,	コンマ演算子	「for (var i=0, j=9; i <= 9; i++, j--)」のように複数の式を書く
delete	delete演算子	オブジェクト、プロパティ、または配列の要素を削除する

演算子	機能	説明
function	function 演算子	「var x = function(y) { return y * y;};」のように関数を定義する
get	get 演算子	プロパティの値を調べる関数を結合する
in	in 演算子	指定したプロパティがオブジェクトの中にあれば true を返す
instanceof	instanceof 演算子	指定したオブジェクトが指定した型であれば true を返す
new	new 演算子	オブジェクトを生成する
set	set 演算子	プロパティを設定する関数を結合する
this	this 演算子	現在のオブジェクトを表す
typeof	typeof 演算子	型を識別する値を返す
void	void 演算子	オペランドの値を破棄して未定義値を返す

条件演算子は、条件に応じて評価する値を変更するときに使います。

条件演算子は、少々複雑に見えますが、使い慣れるととても便利な演算子です。

「*expr1* ? *expr2* : *expr3*」である場合、式 *expr1* の評価結果に従って、式 *expr1* の値が true なら式 *expr2* が評価（実行）され、false なら式 *expr3* が評価（実行）されます。

expr2 と *expr3* がステートメントになるときは、次の if ～ else 構文と同じです。

```
if (expr1)
    expr2;
else
    expr3;
```

次の例では、n が 0 より大きいときは x は 1 になり、そうでなければ x は −9 になります。

```
x = (n > 0) ? 1 : -9;
```

instanceof 演算子は、引数で指定したオブジェクトが指定した型のインスタンスであれば true を返すので、ある変数の内容が特定の型のインスタンスで

あるかどうか調べるときに使うことができます。次の例は、数値の変数 num が Number のインスタンスであるか調べたあとで、日時の変数 d が Date のインスタンスであるかどうか調べるスクリプトの例です。

```
var num = Math.random() * 100;
document.write("numは");
if (num instanceof Number)
  document.write("Numberである。<br />");
else
  document.write("Numberではない。<br />");
var d = new Date();
document.write("dは");
if (d instanceof Date)
  document.write("Dateである。<br />");
else
  document.write("Dateではない。<br />");
```

【実行結果】
```
numはNumberではない。
dはDateである。
```

typeof 演算子は型を識別する値を返すので、変数の値の型を調べるときに便利です。次の例は、a という名前の変数に最初に数を入れて typeof 演算子で値の型を調べて出力したあとで、同じ変数 a に文字列を入れて typeof 演算子で値の型を調べて出力するスクリプトの例です。

```
var a = Math.random() * 10;
document.write("a=", a, "(", typeof(a), ")<br />");
a = "abc";
document.write("a=", a, "(", typeof(a), ")<br />");
```

【実行結果】
```
a=7.987517603045876(number)
a=abc(string)
```

演算子の評価方法

ひとつの式に複数の演算子が使われているときの評価の方法が決まっています。

優先順位

演算子の優先順位は、演算子が評価される順番を決定します。優先順位がより高い演算子が先に評価されます。優先順位の高い順に示した演算子の優先順位と、あとで説明する結合性を表 2.9 に示します。

表2.9 演算子の優先順位

順位	種類	結合性	演算子
1	メンバ	左から右	.、[]
	new	右から左	new
2	関数呼び出し	左から右	()
3	インクリメント	—	++
	デクリメント	—	--
4	論理 NOT	右から左	!
	ビットごとの NOT	右から左	~
	単項の +	右から左	+
	符号反転	右から左	-
	typeof	右から左	typeof
	void	右から左	void
	delete	右から左	delete
5	乗算	左から右	*
	除算	左から右	/
	モジュロ	左から右	%
6	加算	左から右	+
	減算	左から右	-
7	ビットシフト	左から右	<<、>>、>>>
8	大小関係	左から右	<、<=、>、>=
	in	左から右	in
	instanceof	左から右	instanceof
9	同値関係	左から右	==、!=、===、!==

順位	種類	結合性	演算子
10	ビットごとの AND	左から右	&
11	ビットごとの XOR	左から右	^
12	ビットごとの OR	左から右	|
13	論理 AND	左から右	&&
14	論理 OR	左から右	||
15	条件	右から左	?:
16	代入	右から左	=、+=、-=、*=、/=、%=、<<=、>>=、>>>=、&=、^=、|=
17	コンマ	左から右	,

たとえば、次の例では、乗算演算子（"*"）は加算演算子（"+"）より優先順位が高いので、最初に評価されます。

```
a = 3 + 4 * 5  // a=23になる
```

結合性

同じ優先順位の演算子を処理する順番を決定する方法を結合性といいます。たとえば、代入演算子の右結合性は右結合なので、式「a = b = 5;」は最初に b に 5 が代入されて、次に a に b の値が代入されます。

「優先順位」の表 2.9 を参照してください。

計算順序の指定

演算子の優先順位や結合性を覚えると便利ですし、わからないときには表 2.9 を調べることができますが、覚えたり調べたりしなくても、わからないときには ( ) を使って評価順序を明示的に指定することができます。

次の例は 2 種類の演算子を使った例ですが、( ) を使って計算の順序を明示的に指定した例です。

```
a = 3 + (4 * 5);   // a=23になる「a = 3 + 4 * 5;」と同じ

b = (3 + 4) * 5;   // b=35になる
```

複数の () を使った場合、最も内側の () の演算から順に演算が行われます。

```
x = ((8 + 4) /2) * 5;   // x=30になる
```

この場合、最初に (8 + 4) が実行されて12になり、次に (8 + 4) /2 すなわち 12/2 が計算されて6になり、最後に6に5をかけた結果がxに代入されます。

2.5 オブジェクト

オブジェクト指向プログラミングの考え方、プロパティ、メソッド、イベントなどについて解説します。

オブジェクト指向

JavaScript はオブジェクト指向の概念を取り入れたプログラミング言語です。

オブジェクト指向プログラミングというと、難しそうに感じるかもしれません。しかし、オブジェクト指向プログラミングは複雑な問題を単純に解決するために生まれたものなので、本質を理解してしまえば、オブジェクト指向プログラミングはプログラマにとってやさしい技術です。

また、C# や Java、C++ のような汎用オブジェクト指向プログラミング言語のように、ユーザー（JavaScript のプログラマ）が複雑なクラスやインタフェースを設計して利用することは想定されていません。一般的には JavaScript のユーザーは用意されているオブジェクトを使用します。

オブジェクト

JavaScript のプログラミングでは、多くのものをオブジェクトとして扱います。たとえば、スクリーン、ウィンドウやフレーム、ドキュメント、イメージ、文字列などをオブジェクトとして扱います。たとえば、次のコードは document（ドキュメント）というオブジェクトに対して write() というメソッドを作用させ

るコードです。

```
document.write("Hello, JavaScript.");
```

　基本的なオブジェクト指向プログラミングの考え方では、オブジェクトはクラスから作成されたインスタンス（具体的なもの）であると考えます。ただし、JavaScriptの場合、クラスという概念が背後に隠されていて、ユーザーが独自のクラスを定義することはなく、新しいクラス（に相当するもの）のインスタンスを作成するときには、あとで説明するコンストラクタと呼ぶものをfunctionとして作成します。

　JavaScriptではクラスを意識する機会はあまりありませんが、クラスという用語と、オブジェクトはクラスという一種のテンプレート（ひな形）から作成するということを覚えておくとJavaScript全体を理解しやすくなるでしょう。

　オブジェクトを理解するためには、さらに、プロパティ、メソッド、イベントという言葉とその意味を理解する必要があります。

プロパティ

　ここでは、最初にプロパティの例を見てから、プロパティがどのようなものであるのかということを解説します。

　Webブラウザに表示される文字の色を変更するときには、次のようなコードを使います。

```
document.fgColor = "Blue";
document.write("Hello, JavaScript.");
```

　このスクリプトの次の行に注目しましょう。

```
document.fgColor = "Blue";
```

　これは、次のように解釈できます。

（対象とするもの）.（表示色という特性）**="Blue"**（青色）

この中の「(表示色という特性)」がプロパティです。

背景色を赤に変更したければ、コードを次のように変更します。

```
document.fgColor = "Red";
```

つまり、fgColor は document に表示するテキストの色という特性（プロパティ）を表すものであり、値を変更することができるというわけです。

次に、背景色（Background Color）を変更したいものとします。そのときには、次のようなコードを使います。

```
document.bgColor = "Gray";
```

bgColor は document の背景色という特性（プロパティ）を表すものです。

これは、次のように解釈できます。

(対象とするもの) . (背景色という特性) = "Gray"（グレー色）

この場合も、色の値を変更するだけで、背景色を変更することができます。

ここで、document や fgColor のような具体的なものではなく、より一般的に表現すると、次のようになります。

(対象とするもの) . (何らかの特性) = (その特性の値)

つまり、(対象とするもの)に存在する(何らかの特性)に対して(その特性の値)を指定することで、(対象とするもの)の状態が変わるのです。ここで重要なことは、(対象とするもの)の(何らかの特性)がものの内部で具体的にどのように実現されているのか、ということは、プロパティを利用するプログラマは知る必要がないということです。つまり、document オブジェクト（Web ブラウザ）が文字列や背景をどのようにして表示しているのかということは、まったく知らなくてかまいません。このように詳細を隠すことをカプセル化と呼びますが、オブジェクト指向プログラミングを理解する上でカプセル化はきわめて重要な考え方です。

文字列表記のプロパティ

JavaScript では、プロパティ名を文字列で表記して [と] とで囲むこともできます。たとえば、次のようにします。

```
document["bgColor"] = "Gray";
```

この効果は「document.bgColor = "Gray";」としたときと同じです。プロパティ名を文字列で表記する必要がある点に注意してください。次のコードは間違いです（たまたま bgColor が変数でその内容がプロパティ名を表す文字列であれば動作します）。

```
document[bgColor] = "Gray";    // 間違いの例
```

メソッド

メソッドとは、オブジェクトを操作したり状態を変えたりする一連のプログラムコードです。

オブジェクトを操作するプログラムコードは、クラスの中にメソッドとして記述されています。ここでは、メソッドについて解説します。

JavaScript のプログラムで文字列を表示する典型的なコードは次のようなコードでした。

```
document.write("こんにちは、JavaScript")
```

これは、document（ドキュメント）というオブジェクト（もの）に対して、表示したい文字列(" こんにちは、JavaScript")を指定して write() という一種の命令を実行する方法です。この write() のような命令を、オブジェクト指向プログラミングではメソッドと呼びます。

上のプログラムは、次のように解釈することができます。

```
（対象とするもの）．（操作や動作の命令）
```

なお、このような特定のオブジェクト(インスタンス)に対して作用するメソッドをインスタンスメソッドといいます。

もうひとつ、まったく別な例を見てみましょう。次の例は、コサインを計算するコードの例です。

```
var c = Math.cos(0.5);
```

この場合、Mathオブジェクトのメソッドcos()を呼び出しますが、cos()が作用してもMathそのものは変化しません。このようなメソッドを静的メソッド、または、staticメソッド、クラスメソッドといいます。

いずれにしろ、メソッドは原則的に対象とするもの(オブジェクトまたはクラス)に作用するものであると考えます。

プロパティと同様に、メソッドについても、オブジェクトやメソッドの内部の詳細を知る必要はありません。ただ単に「documentというオブジェクトを利用できて、それに対してwrite()を使うと文字列を表示できる」という点だけを知っていればよく、documentが実際にはどんな内容でどのように作られているか知っている必要はまったくありません。つまり、documentを表すオブジェクトは、プログラマにとって、ブラックボックスでかまわないということになります。実際、高度なプログラミングを日常的に手掛けているJavaScriptのベテランであっても、documentの内部について詳しく知っている人はまずいません。ただ、documentを利用するだけであり、それでよいのがオブジェクト指向プログラミングなのです。

コンストラクタ

クラスのインスタンス(オブジェクト)が作成されるときに呼び出されるメソッドを、コンストラクタといいます。JavaScriptの場合、コンストラクタはnew演算子で呼び出します。

```
var d = new Date();
```

new演算子を使ってコンストラクタを呼び出して作成した具体的なオブジェクトがインスタンスです。

> **Note** JavaScript以外の一般的なオブジェクト指向プログラミングでは、上のDateのようなものをクラスと呼び、オブジェクト（特定のインスタンス）はクラスから作成すると考えます。この考え方を理解しておくと、JavaScriptのプログラミングの理解がさらに深まるでしょう。

JavaScriptでは、コンストラクタ関数を定義して、オブジェクトを生成できるようにすることができます。次の例は、widthとheightという2個のプロパティがある、Rectangleという名前のコンストラクタの例です。

```
function Rectangle(w, h) {
  this.width = w;
  this.height = h;
}
```

キーワードthisはそのオブジェクトを参照するためのキーワードで、このキーワードを使ってオブジェクトのプロパティを定義することができます。上の例では、コンストラクタの二つの引数を使って、Rectangleオブジェクトのwidthとheightプロパティを初期化しています。

> **Note** JavaScript以外の一般的なオブジェクト指向プログラミングでは、functionの代わりにキーワードclassやClassなどを使ってクラスとして定義します。JavaScriptでは、上の例のようにfunctionを使ってコンストラクタを定義することで、JavaScript以外の一般的なオブジェクト指向プログラミングでクラスを定義したのと同じような意味があります。

次の例は、コンストラクタ関数を使って四角形を表すRectangleオブジェクトを作成し、面積を計算して出力するスクリプトの例です。

```
// コンストラクタ関数
function Rectangle(w, h) {
  this.width = w;
  this.height = h;
}
// オブジェクトを作成する
var rect = new Rectangle(4, 5);
```

```
// 面積を計算して出力する
document.write("面積=", rect.width * rect.height, "<br />");
```

【実行結果】
面積=20

複数のメソッドの同時使用

JavaScriptでは、ピリオド（.）で接続することによって、ひとつのオブジェクトに複数のメソッドを同時に指定することができます。

> （オブジェクト）.（メソッド1）.（メソッド2）.（メソッド3）...

次の例は、「str.bold().italics().blink()」という書式で、Stringオブジェクトに、ボールド（太字、bold()）、イタリック（斜体、italic()）、ブリンク（明滅、brink()）を指定した例です。

```
var str = new String("こんにちは、JavaScript.");
document.write(str.bold().italics().blink());
```

> **Note** ひとつのオブジェクトに複数のメソッドを同時に指定することができるのはJavaScript固有の特徴です。ほかの一般的なオブジェクト指向プログラミング言語ではこの方法は使えないのが普通です。

イベント

オブジェクトで発生したできごとを、イベントと呼びます。

イベントとメッセージは、オブジェクト指向プログラミングで使う重要な概念です。

イベント（event、出来事）は、まさに「発生したこと」ですが、クライアントJavaScriptの実行環境では、Webブラウザのようなユーザーエージェントが認

識する出来事のことを指します。たとえば、「ユーザーがボタンをクリックした」、「ユーザーがキーボードのキーを押した」、「ウィンドウのサイズが変更された」などは、すべてイベントです。

イベントを通知するオブジェクトをメッセージと呼びます。

JavaScriptのプログラムは、発生したイベントのメッセージを処理することで操作したり処理を行ったりします。これをイベント駆動型プログラミング（イベントドリブンプログラミング）といいます。

イベントハンドラ

イベントはオブジェクト上で発生するので、一般的にはイベントを処理するコードをHTML要素のプロパティ（属性）として定義します。

たとえば、ボタン（button）がクリックされたときに何かしたい場合、まず、HTML要素としてtypeが"button"であるinput要素（つまりボタン）を作成します。

図2.5　typeが"button"であるinput要素の例

クリック！

そして、このinput要素のプロパティonclickの値として実行したいコードを記述します（このonclickのようなものをJavaScriptではイベントハンドラと呼びます）。

次の例は、［クリック！］ボタンがクリックされたときに、JavaScriptの関数clicked()を実行する例です。

```html
<input type="button" value="クリック!" onclick="clicked()" />
```

イベントハンドラonclickを使っている点に注意してください。

実行できるファイルとして作成するとすれば、たとえば次のようにします。

リスト 2.7　EvntSmpl.html

```html
<!DOCTYPE html>
<!-- EvntSmpl.html -->
```

```html
<html lang="ja">
  <head>
    <meta charset="utf-8" />
    <title>イベントのサンプル</title>
  </head>
  <body>
    <p>
      <input type="button" value="クリック!" onclick="clicked()" />
      <script type="text/javascript">
        <!--
        function clicked(){
          document.bgColor = "Gray";
        }
        </script>
    </p>
  </body>
</html>
```

これは、ボタン (button) がクリック (Click) されたというイベントが発生したときに JavaScript の関数 clicked() を呼び出し、関数 clicked() の中ではドキュメントの背景をグレーに変更します。

なお、JavaScript のコードと HTML 要素を分離できるように、次の例に示すように JavaScript の関数を HTML のヘッド部に書くことがよくあります。

リスト 2.8 EvntSmpl2.html

```html
<!DOCTYPE html>
<!-- EvntSmpl2.html -->
<html lang="ja">
  <head>
    <meta charset="utf-8" />
    <meta http-equiv="Content-Script-Type" content="text/javascript" />
    <title>イベントのサンプル</title>
    <script type="text/javascript">
      function clicked() {
        document.bgColor = "Gray"; // 背景をグレーにする
      }
    </script>
  </head>
  <body>
```

```
    <p>
      <input type="button" value="クリック!" onclick="clicked()" />
    </p>
  </body>
</html>
```

ボタン（button）のような HTML 要素のタグの中に、直接イベントハンドラのコードを記述することもできます。次の例は、「alert('Hello')」という JavaScript のスクリプトを onclick プロパティの値として記述した例です。

```
<input type="button" value="クリック!" onclick="alert('Hello')" />
```

これはボタンがクリックされると「alert('Hello')」という JavaScript のコードが実行されるようにした <input> タグの例で、次のコードと同じ効果があります。

```
<input type="button" value="押して!" onclick="clicked()" />
<script type="text/javascript">
    function clicked(){
      alert("Hello");
    }
  </script>
```

JavaScript のメソッド alert() は、引数の文字列を表示したダイアログボックスを表示します。

「<input type="button" value=" 押して！" onclick="clicked()" />」という例の場合は、実行される JavaScript のコードが「alert('Hello')」なので、「Hello」が表示され［OK］ボタンがあるダイアログボックスが表示されます。

図2.6 アラートダイアログボックスの例

文字列「Hello」をシングルクォーテーション（'）で囲んでいるのは、「Hello」がダブルクォーテーション（"）で囲まれた文字列の中の文字列であるからです。この例のように、JavaScriptでは " と " とで囲んだ文字列の中にさらに文字列リテラルを埋め込みたいときにはシングルクォーテーション（'）で囲みます。

さまざまなイベント

JavaScriptのさまざまなオブジェクトには、さまざまなイベントハンドラがあります。主なものを表2.10に示します。

表2.10 JavaScriptの主なイベントハンドラ

イベントハンドラ	発生するとき	サポートする主なオブジェクト
onabort	ロードが中断された	Image
onblur	要素が入力フォーカスを失った	Input、Window
onchange	項目の選択、テキスト入力が終了してフォーカスを失ったなど	FileUpload、Input、Select、Text、Textarea
onclick	クリックされた	Button、Checkbox、HTMLElement、Input、Link、Radio、Reset、Submit
ondbclick	ダブルクリックされた	HTMLElement
ondragdrop	ドラッグアンドドロップされた	Window
onerror	JavaScriptエラーまたは画像のロードでエラーが発生した	Image、Window
onfocus	入力フォーカスを得た	Input、Window

イベントハンドラ	発生するとき	サポートする主なオブジェクト
onhelp	ユーザがF1キーを押した（Internet Explorer）	HTMLElement
onkeydown	キーボードのキーが押下げられた	HTMLElement
onkeypress	キーボードのキーが押された	HTMLElement
onkeyup	キーボードのキーが上がった	HTMLElement
onload	ドキュメントまたはイメージが完全に読み込まれた	Image、Window
onmousedown	マウスのボタンが押された	HTMLElement
onmouseout	マウスポインタがオブジェクトの外に出た	HTMLElement、Link
onmouseover	マウスポインタがオブジェクトの中に入った	HTMLElement、Link
onmouseup	マウスのボタンが離された	HTMLElement
onmove	ウィンドウが移動したとき	Window
onreset	フォームがリセットされた	Form
onresize	ウィンドウのサイズが変更された	Window
onsubmit	フォームが送信される	Form
onunload	ブラウザが現在のページから離れた	Window

MEMO

第 3 章

CSS

CSS は、HTML や XML の要素の修飾・表示する方法を指示するための W3C による仕様のひとつです。ここでは、CSS について簡潔に説明します。

3.1 CSS の概要

CSS（Cascading Style Sheets）は、HTML や XML の要素の修飾・表示する方法を指示するための W3C による仕様のひとつです。HTML5 では、CSS を使って要素の修飾や表示方法を指定できるだけでなく、CSS を使ってページをレイアウトすることができます。

CSS の指定方法には、次のような方法があります。

- インライン（要素の style 属性で指定する）
- head 要素または body 要素の中で style 要素を使って指定する。
- CSS ファイル（要素ごとにスタイルを指定したファイルを作成する）

これらの書式はそれぞれ異なるので、これらについては 3.3 以降で具体的に説明します。

なお、インライン以外の CSS のコードの中にコメントを記述するときには、次の形式で記述します。

```
/* コメント */
```

3.2 CSS によるページの構成

HTML5 では、ページのレイアウトに CSS を使います。

従来のフレーム（HTML ドキュメントが表示される領域を分割して、異なる HTML ドキュメントを表示するもの）は HTML5 では使用できません。

以前の HTML で使われた次の要素は、HTML5 にはありません。

- frame
- frameset
- noframes

> **Note** ユーザーエージェントによっては、後方互換性を維持するために、フレームをサポートするものもあります。

HTML5 では、ページのボディ（body）の構造は以下の要素を使って指定します。

header

上部に表示されるヘッダーです。html の直接の子要素でドキュメントのヘッドを表す head 要素とは異なる点に注意してください。header はページのヘッダーです。

footer

下部に（通常は小さい文字で）表示されるフッターです。Web 製作者、著作権情報などの情報を入れることができます。

section

本にたとえると、本の一部あるいは章、章のセクションのようなものです。複数の article(基本的に HTML 独自の見出しを持つすべてのもの)が含まれます。

article

個々の記事や文章などです。リストや図表なども含まれます。

nav

ナビゲーション・リンク（他のページへのリンクの集まり）を記述します。

これらをページに配置した例のイメージを図 3.1 に示します。

図3.1 ページの要素をレイアウトしたイメージ

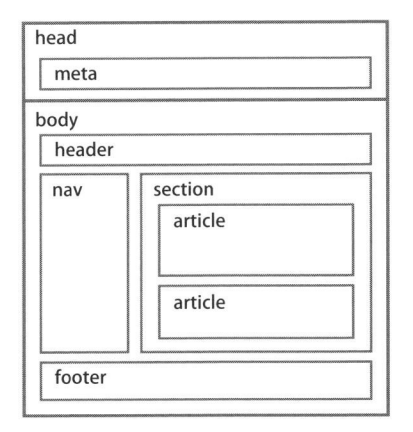

```
┌─────────────────────────────────────┐
│ head                                │
│  ┌────────────────────────────────┐ │
│  │ meta                           │ │
│  └────────────────────────────────┘ │
│ body                                │
│  ┌────────────────────────────────┐ │
│  │ header                         │ │
│  └────────────────────────────────┘ │
│  ┌─────┐ ┌──────────────────────┐   │
│  │ nav │ │ section              │   │
│  │     │ │  ┌────────────────┐  │   │
│  │     │ │  │ article        │  │   │
│  │     │ │  │                │  │   │
│  │     │ │  └────────────────┘  │   │
│  │     │ │  ┌────────────────┐  │   │
│  │     │ │  │ article        │  │   │
│  │     │ │  └────────────────┘  │   │
│  └─────┘ └──────────────────────┘   │
│  ┌────────────────────────────────┐ │
│  │ footer                         │ │
│  └────────────────────────────────┘ │
└─────────────────────────────────────┘
```

具体的な例はあとで示します。

3.3 インライン CSS

CSS はさまざまな方法で使うことができます。

最も単純なのはインラインスタイルで、HTML のタグに次の形式で直接指定する方法です。

```
<要素 style=" 属性：値；[属性：値；] ">
```

次の例は、段落の要素のテキスト文字色を青に指定する例です。

```
<p style="color: blue;">最初の段落テキスト</p>
```

複数のスタイルを指定するときには、属性を並べて記述します。次の例は、段落の要素のテキスト文字色を赤にして大きさを110%の大きさに指定する例です。

```
<p style="color: red;font-size: 110%;">2番目の段落テキスト</p>
```

スタイルを指定した要素の中の一部分にさらにスタイルを指定することもできます。

次の例は「3番目の段落テキスト」という段落にスタイルを指定したうえに、「段落」という文字だけさらにスタイルを指定した例です。

```
<p>3番目の<b style="color: red;font-size: 110%;">段落</b>テキスト</p>
```

これをまとめたHTMLは次のようになります。

```
<!DOCTYPE html>

<html lang="ja">
<head>
  <meta charset="utf-8" />
  <title>インラインスタイル</title>
</head>
<body>

  <p style="color: blue;">最初の段落テキスト</p>

  <p style="color: red;font-size: 110%;">2番目の段落テキスト</p>

  <p>3番目の<b style="color: red;font-size: 110%;">段落</b>テキスト</p>

</body>
</html>
```

図3.2 インラインスタイル指定の例

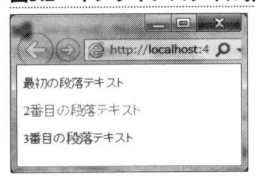

一般的には、インラインスタイルを指定する方法は、限られた範囲に特定のスタイルを適用するときに使います。

3.4 bodyでのスタイル指定

HTML の body 要素の中にスタイルを記述することもできます。インラインスタイルでは個々の要素にスタイルを指定しますが、この方法を使えばひとつのドキュメントの中のスタイルを指定するすべての要素にスタイルを指定することができます。

この方法を使うときには、body 要素の中に次の形式で記述します。

```
<style type="text/css">
要素名 {
  属性: 値;
  属性: 値;
      :
}
</style>
```

次の例は、キャプション付きテーブルを表示する例です。この例では、body 要素の中に style 要素を使って td 要素のためのスタイルを定義するとともに、表全体のスタイルを table 要素の属性として定義しています。

```
<body type="text/css">

  <style>
    td {
      border:solid 1px;
    }
  </style>

  <table style="border:solid 1px; border-spacing: 0px 0px;">
    <caption>各国の英語表記</caption>
    <tr><td>日本</td><td>Nippon</td></tr>
    <tr><td>米国</td><td>United States of America</td></tr>
    <tr><td>スペイン</td><td>Spain</td></tr>
  </table>

</body>
```

図3.3 キャプション付きテーブルの例

各国の英語表記	
日本	Nippon
米国	United States of America
スペイン	Spain

3.5 head でのスタイル指定

HTML の head 要素の中にスタイルシートを記述することもできます。body 要素でのスタイル指定と同様に、この方法を使えばひとつのドキュメントの中のスタイルを指定するすべての要素にスタイルを指定することができます。そして、スタイルと HTML 要素を分離して記述できるという利点があります。

この方法を使うときには、head 要素の中に次の形式で記述します。

```
<style type="text/css">
要素名 {
  属性: 値;
  属性: 値;
      :
}
</style>
```

あるいは、次のようにクラス名を宣言して記述します。

```
<style type="text/css">
.クラス名 {
  属性: 値;
  属性: 値;
      :
}
</style>
```

クラス名の先頭は．（ピリオド）である点に注目してください。

たとえば、ドキュメントの背景をうすい灰色（lightgray）、<p> タグのテキストに青（blue）を指定したいときには、次のようにします。

```
<style type="text/css">
  body {
    background-color: lightgray;
  }
  p {
    color: blue;
  }
</style>
```

HTML ファイルとして作成すると、たとえば次のようになります。

リスト3.1 ヘッドでスタイルを指定

```
<!DOCTYPE html>

<html lang="ja" xmlns="http://www.w3.org/1999/xhtml">
<head>
  <meta charset="utf-8" />
  <title>ヘッドでスタイルを指定する例</title>
  <style type="text/css">
    body {
      background-color: lightgray;
    }
    p {
      color: blue;
    }
  </style>
</head>
<body>
  <p>背景はグレーで文字は青</p>
</body>
</html>
```

クラス名を使うなら、ファイル全体はたとえば次のように作成します。

リスト 3.3 クラス名を使う

```
<!DOCTYPE html>

<html lang="ja" xmlns="http://www.w3.org/1999/xhtml">
<head>
  <meta charset="utf-8" />
  <title>テーブルのサンプル</title>
  <style type="text/css">
    .sample {
      background-color: lightgray;
    }
    .para {
      color: blue;
    }
  </style>
</head>
<body class="sample">
  <p class="para">背景はグレーで文字は青</p>
</body>
</html>
```

クラス名や属性名をネストさせることもできます。

```
<style type="text/css">
  .sample {
    background-color: lightgray;
  }
  .sample p {  /* .sampleの中のp要素に適用 */
    color: blue;
  }
</style>
```

このhead要素にスタイルを記述する方法は、ドキュメント全体に適用されるスタイルを指定したいときで、かつ、スタイルの指定があまり複雑でない場合に適しています。スタイルの指定が複雑である場合には、次のスタイルシートファイル（.cssファイル）を使います。

3.6 スタイルシートファイル

複雑なスタイルを指定したい場合や、複数の HTML ドキュメントに対して共通のスタイルを適用したいときには、スタイル指定の情報だけを記述したスタイルシートファイル（.css ファイル）にスタイルを記述します。

スタイルシートファイルにスタイルを記述するには、次の形式で必要なだけ要素に対するスタイルを記述します。

```
要素名 {
  属性: 値;
  属性: 値;
      :
}
```

または

```
.クラス名 {
  属性: 値;
  属性: 値;
      :
}
```

たとえば、次のようなファイルを作成して、simple.css という名前で保存します。

リスト 3.3　simple.css

```
/* simple.css */
body {
  background-color: lightgray ;
}
p {
  color: blue;
```

```
}
```

スタイルを適用したい HTML ファイルには、head 要素の中で link 要素を使って使用するスタイルシートファイル名を次の形式で指定します。

```
<link rel="stylesheet" href="スタイルシートファイル名" />
```

次のようにすると、simple.css という名前のスタイルシートファイルの内容がドキュメントに適用されます。

```
<link rel="stylesheet" href="simple.css" />
```

HTML ファイルとしては、たとえば次のように作成します。

リスト 3.4　simple.css を使う

```
<!DOCTYPE html>

<html lang="ja" xmlns="http://www.w3.org/1999/xhtml">
<head>
  <meta http-equiv="Content-Type" content="text/html; charset=utf-8" />
  <link rel="stylesheet" href="simple.css" />
  <title>ヘッドでスタイルを指定する例</title>
</head>
<body>
   <p>背景はグレーで文字は青</p>
</body>
</html>
```

スタイルシートファイルを使うのは、主に複雑なスタイルを指定するときですが、複数の HTML ドキュメントのレイアウトを統一したいようなときにも便利に使用できます。

なお、.css ファイルを使う方法でも、head 要素に記述する方法と同様に、クラス名や属性名をネストさせることができます。

3.7 疑似クラスと疑似要素

スタイルを適用するときには、要素名やクラス名を使いますが、ほかに、擬似クラス（pseudo-classes）と擬似要素（pseudo-elements）と呼ばれるセレクタを使うこともできます。

擬似クラスは、セレクタにマッチする対象が、ユーザーのドキュメントに対する操作に応じて動的に変化するものです。たとえば、:visitedを使うことで、リンクを訪問したかどうかでスタイルを変えることができます。

主な疑似クラスには、表3.1に示すようなものがあります。

表3.1　主な疑似クラス

疑似クラス	説明
:link	未訪問のリンク。a[href]要素のみ。
:visited	訪問済みのリンク。
:active	訪問済みのリンク。
:hover	カーソルが上にあって、アクティブでない要素。
:focus	テキスト入力にフォーカスされている要素。
:first-child	親要素の中で最初に現れる子供要素である要素にだけ一致する。
:lang	指定した言語に対してだけ一致する。

次に例を示します。

```
:link     { color: red }      /* 未訪のリンク */
:visited  { color: blue }     /* 訪問済みのリンク */
a:hover   { color: yellow }   /* カーソルが上に乗っているリンク */
a:active  { color: lime }     /* アクティブ中のリンク */
:lang(ja) { color: blue }             /* 日本語はブルー */
p:lang(en) { font-style: italic }     /* 英語はイタリック */
```

a:hoverが:link、:activeよりも前に記述されていると、a:hoverのスタイルは:link、:activeのスタイルに上書きされてしまいます。

疑似要素を使うと、要素の一部分に対してスタイルを適用させることができます。

主な疑似要素を次の表に示します。

表3.2　疑似要素

疑似要素	説明
:first-line	ブロックレベル要素の1行目のスタイル。
:first-letter	ブロックレベル要素の先頭1文字のスタイル。
:before	要素直前の内容に対するスタイル。
:after	要素直後の内容に対するスタイル。
:not()	否定を示す。

　:before と :after は、content プロパティと組み合わせて使います。

　疑似要素を指定するには、要素名とコロン（:）に続けて、疑似要素名を指定します。

　たとえば、p 要素に :first-line を指定して最初の行をブルーにするスタイルを定義するときは、次のようにします。

```
p:first-line { color: blue; }
```

　次の例は、div 要素に対して疑似要素 :after を指定した例です。

```
div:after {
  content: url("img/sample.png");
}
```

　次の例は、content-aftr というクラスを定義して、div 要素に適用する例です。

```
<head>
  <meta charset="utf-8" />
  <title>テーブルのサンプル</title>
  <style >
    .content-aftr:after {
      content: url("./sect.jpg");
    }
  </style>

</head>
<body>
```

```
    <div class="content-aftr">ありゃま。</div>

</body>
```

3.8 CSS によるレイアウト

HTML5 では、フレームを使わずに CSS を使ってページのレイアウトを行います。

ここでは、次のようなやや複雑なレイアウトを指定する CSS の例を示します。

図3.4　HTML5とCSSによるレイアウトの例

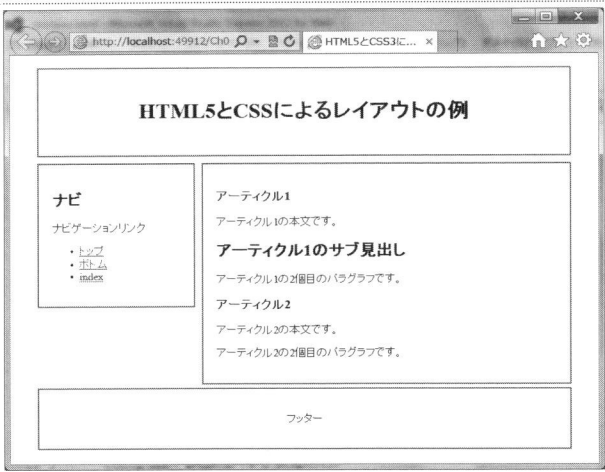

これは、図 3.1 のレイアウトの具体的な例です。

このときに必要な CSS ファイルには次のような内容を記述します（各プロパティについては、「3.9　CSS のプロパティ」で解説します）。

まず、body 要素の width と margin を指定します。

```
body {
  width:796px;
```

```
  margin:20px auto;
}
```

表示される要素には、display（要素の表示形式）やborder（境界線）も指定します。

```
header, nav, section, footer {
  display:block;
  border:2px solid #808080;
  margin:5px;
  padding:20px;
}
```

headerには、text-alignの値としてcenterを指定し、内容（文字列）が中央に表示されるようにします。

```
header {
  text-align:center;
  padding:26px;
}
```

navとsectionには、float（右寄せ／左寄せ）とwidth（幅）を指定します。

```
nav {
  float:right;
  width:188px;
}
section {
  float:right;
  width:500px;
}
```

footerには、clearプロパティで左右両方向(both)のfloat(右寄せ／左寄せ)を解除し、!importantでこれを最優先されることを指定します。また、text-alignとしてcenterを指定して中央揃えにします。

```
footer {
  clear:both !important;
```

```
    text-align: center;
}
```

CSSファイルは全体で次のようになります。

リスト 3.5　SimpleStyleSheet.css

```
/* SimpleStyleSheet.css */
body {
    width:796px;
    margin:20px auto;
}
header, nav, section, footer {
    display:block;
    border:2px solid #808080;
    margin:5px;
    padding:20px;
}
header {
    text-align:center;
    padding:26px;
}
nav {
    float:right;
    width:188px;
}
section {
    float:right;
    width:500px;
}
footer {
    clear:both !important;
    text-align: center;
}
```

HTMLドキュメントは次の通りです。

リスト 3.6　sections.html

```
<!DOCTYPE html>
<!-- sections.html -->
```

3.8 CSSによるレイアウト

```html
<html lang="ja" xmlns="http://www.w3.org/1999/xhtml">
  <head>
    <meta charset="utf-8" />
    <title>HTML5とCSS3によるページサンプル</title>
    <meta http-equiv="Content-Type" content="text/html; charset=utf-8" />
    <link rel="stylesheet" href="SimpleStyleSheet.css" />
  </head>
  <body>
    <header id="PageTop">
      <h1>HTML5とCSSによるレイアウトの例</h1>
    </header>
    <section>
      <article>
        <h1>アーティクル1</h1>
        <p>アーティクル1の本文です。</p>
        <h2>アーティクル1のサブ見出し</h2>
        <p>アーティクル1の2個目のパラグラフです。</p>
      </article>
      <article>
        <h1>アーティクル2</h1>
        <p>アーティクル2の本文です。</p>
        <p>アーティクル2の2個目のパラグラフです。</p>
      </article>
    </section>
    <nav>
      <h1>ナビ</h1>
      <p>ナビゲーションリンク</p>
      <ul>
        <li><a href="#PageTop">トップ</a></li>
        <li><a href="#PageBottom">ボトム</a></li>
        <li><a href="index.html">index</a></li>
      </ul>
    </nav>
    <footer id="PageBottom">
      <p>フッター</p>
    </footer>
  </body>
</html>
```

なお、body要素の中で次に示すように @import を使って外部スタイルシートファイルを適用することもできます。

```
<style type="text/css">
  @import url(mystyle.css);
</style>
```

または、次の形式も使うことができます。

```
<style type="text/css">
  @import "mystyle.css";
</style>
```

3.9 CSSのプロパティ

ここでは、CSSの主なプロパティを以下に示します。

> **Note** 【重要な注意】ここでは現在策定されているCSS3（Cascading Style Sheets, level 3）の情報を中心に掲載します。本書執筆時に必ずしもすべてのプロパティやプロパティの値がユーザーエージェントでサポートされているわけではありません。そのため、例の通りのコードを記述しても期待した効果が得られるとは限りません。

色と背景

色を指定する　　　　　　　　　　　　　　　　　　　　　　color

色を指定します。指定するのは、文字色または前景色です。

色は「color: blue;」のように文字で指定することも、「color: #707070;」または「color: rgb(112,112,112);」のようにカラーを表現するRGB値で指定することもできます。

次の例は、段落のテキストの色を青（blue）に指定する例です。

```
<p style="color: blue;">段落のテキスト</p>
```

次の例は、[緑] ボタンをクリックするとドキュメントの背景が緑（green）になるように指定する例です。

```
<input type="button" style="color: green;" value="緑"
onclick="document.bgColor = 'green'" />
```

背景を指定する　　　　　　　　　　　　　　　　background

背景に関する設定をまとめて指定できます。これは、表 3.3 の「単独プロパティ」の値を必要なだけ一度に指定したいときに使うことができます。

表3.3　backgroundで指定できる内容と単独プロパティ

プロパティ値	説明	単独プロパティ
カラー値	背景色を指定する。	background-color
イメージ	背景画像を指定する。	background-image
repeat	背景画像の繰り返しを指定する。	background-repeat
attachment	背景画像の貼り付け方法を指定する。	background-attachment
位置	背景画像の位置を指定する。	background-position
サイズ	背景画像のサイズを指定する。	background-size
origin	背景画像表示の基準位置を指定する。	background-origin
clip	背景画像の表示領域を指定する。	background-clip

次の例は、背景画像を backimg.jpg に、画面がスクロールしても背景画像はスクロールしないように指定する例です。

```
<body style="background: url(backimg.jpg) fixed ">

</body>
```

背景画像のスクロールを指定する　　background-attachment

背景画像を画面に追随してのスクロールするか、スクロールしないで固定するかを指定します。

表3.4 background-attachmentの値

値	説明
scroll	画面に追随して背景画像もスクロールする。
fixed	画面がスクロールしても景画像はスクロールしない。
local	親要素と画面に追随して背景画像もスクロールする。
inherit	親要素の値を継承する。
initial	既定値。

次の例は、背景画像を backimg.jpg に、画面がスクロールしても背景画像はスクロールしないように指定する例です。

```
<body style="background-image: url(backimg.jpg); background-attachment:fixed">
```

背景色を指定する　　　　　　　　　　　background-color

背景色を指定します。イメージが表示されている場合は、イメージが優先されます。

次の例は、[緑] ボタンをクリックするとドキュメントの背景が緑（green）になるように指定する例です。

```
<input type="button" style="background-color: green;" value="緑"
onclick="document.bgColor = 'green'" />
```

背景画像を指定する　　　　　　　　　　　background-image

背景画像を指定します。
次の例は、ボディの背景画像に backimg.jpg を指定する例です。

```
<body style="background-image: url(backimg.jpg);">
```

背景画像の表示開始位置を指定する　　　background-position

背景画像の表示開始位置を指定します。

値は、center（中央）、または、left（左）、right（右側）、top（上部）、bottom（下）の組み合わせ、またはパーセント（%）か距離（ピクセル、px）で指定します。

次の例は、ボディの背景画像に backimg.jpg を指定し、左上から 50 ピクセルの位置に反復しないで表示する例です。

```
<style type="text/css">
body {
  background-image: url(backimg.jpg);
  background-position :50px 50px;
  background-repeat: no-repeat;
}
```

背景画像が繰り返し（repeat、デフォルト）の場合は、この指定は無効になります。

背景画像のリピートの方法を指定する　　background-repeat

背景画像の表示開始位置を指定します。

値は表 3.5 の通りで、デフォルト値は repeat です。

表3.5　background-repeatの値

値	説明
repeat-x	横方向だけリピートする。
repeat-y	縦方向だけリピートする。
repeat	リピートする。
no-repeat	リピートしない。
space	リピートする。画像サイズが表示領域の整数倍でない場合は、画像間にスペースを入れて調整する。
round	リピートする。画像サイズが表示領域の整数倍でない場合は、画像を縮小して調整する。
inherit	親要素の値を継承する。
initial	既定値。

次の例は、ボディの背景画像に backimg.jpg を指定し、左上から 50 ピクセルの位置に反復しないで表示する例です。

```
<style type="text/css">
body {
  background-image: url(backimg.jpg);
  background-position :50px 50px;
  background-repeat: no-repeat;
}
```

フォント

フォントを指定する　　　　　　　　　　　　　　　　　　　　font

フォントに関する設定をまとめて指定できます。これは、表 3.6 の「単独プロパティ」の値を必要なだけ一度に指定したいときに使うことができます。

表3.6　fontで指定できる内容と単独プロパティ

プロパティ値	説明	単独プロパティ
スタイル	フォントスタイルを指定する。	font-style
variant	フォントの変換を指定する。	font-variant
値	フォントの太さを指定する。	font-weight
値	フォントサイズを指定する。	font-size
値	フォントスの高さを指定する。	line-height
family	フォントスファミリを指定する。	font-family

次の例は、font を bold（太字）、italic（斜体）に指定する例です（執筆時点では未実装）。

```
<p style="font: bold italic;">bold italic text</p>
```

さらに、system-font を指定することができます。
system-font で指定できる値を表に示します。

表3.7　system-fontで指定できる値

プロパティ値	説明
inherit	親要素の値を継承する。
initial	既定値。

プロパティ値	説明
caption	ボタンやドロップダウンなどのキャプションコントロールで使われているフォント。
icon	ラベルアイコンに使われているフォント。
menu	メニューで使われているフォント。
message-box	ダイアログボックスで使われているフォント。
small-caption	スモールコントロールで使われているフォント。
status-bar	ステータスバーで使われているフォント。

次の例は、メニューに使われているフォントを指定する例です。

```
<p style="font: menu;">menuフォントのテキスト</p>
```

フォントの種類を指定する　　　　　　　　　　　font-family

フォントの種類をフォントファミリー名で指定します。

font-familyで指定できる値は、inherit（親要素の値を継承する）か適切なフォントファミリー名です。

次の例は、font-familyとしてHGGothicMを指定する例です。

```
<p style="font-family: HGGothicM;">HGGothicMフォントのテキスト</p>
```

フォントのサイズを指定する　　　　　　　　　　　font-size

フォントのサイズを指定します。
font-sizeで指定できる値を表に示します。

表3.8　font-sizeで指定できる値

プロパティ値	説明
inherit	親要素の値を継承する。
initial	既定値。
値	サイズを指定する（単位：px、em、ex、%）
smaller	親要素よりも1段階小さくする。
larger	親要素よりも1段階大きくする。

プロパティ値	説明
xx-small	`<font>`要素でsize="1"としたときの大きさに相当する。
x-small	`<font>`要素でsize="2"としたときの大きさに相当する。
small	`<font>`要素でsize="3"としたときの大きさに相当する。
medium	`<font>`要素でsize="4"としたときの大きさに相当する。
large	`<font>`要素でsize="5"としたときの大きさに相当する。
x-large	`<font>`要素でsize="6"としたときの大きさに相当する。
xx-large	`<font>`要素でsize="7"としたときの大きさに相当する。

次の例は、font-size の値として xx-large を指定する例です。

```
<p style="font-size: xx-large;">フォントサイズがxx-largeのテキスト</p>
```

フォントのサイズを調整する　　font-size-adjust

フォントのサイズを調整します。

font-size-adjust には、none（変更なし）または数値を指定します。フォントの大きさと太さが指定した倍数になります。

次の例は、フォントのサイズを 0.58 に調整する例です。

```
<p style="font-size-adjust: 0.58;">フォントサイズの調整が0.58のテキスト</p>
```

フォントを縦長／横長にする　　font-stretch

フォントを縦長または横長に指定します。
font-stretch で指定できる値を表に示します。

表3.9　font-stretchで指定できる値

プロパティ値	説明
inherit	親要素の値を継承する。
initial	既定値。
ultra-condensed	一番幅狭なフォント
extra-condensed	とても幅狭なフォント。
condensed	幅狭なフォント。

プロパティ値	説明
semi-condensed	少し幅狭なフォント。
normal	通常のフォント。
semi-expanded	少し幅広なフォント。
expanded	幅広なフォント。
extra-expanded	とても幅広なフォント。
ultra-expanded	一番幅広なフォント。

次の例は、親要素で font-size を x-large に指定した上で、font-stretch に extra-condensed と ultra-condensed を指定する例です。

```
<style> p { font-size: x-large; } </style>

<p style="font-stretch: extra-condensed;">
extra-condensedexpandedのフォントのテキスト</p>

<p style="font-stretch: ultra-condensed;">
ultra-condensedのフォントのテキスト</p>
```

【実行結果】font-stretch

extra-condensedexpandedのフォントのテキスト

ultra-condensedのフォントのテキスト

フォントをイタリック体にする　　　　　　　　font-style

フォントをイタリック体（斜体）に指定します。

font-style で指定できる値を表に示します。<i> タグでイタリックにすることもできます。

表3.10　font-styleで指定できる値

プロパティ値	説明
inherit	親要素の値を継承する。
initial	既定値。

プロパティ値	説明
normal	通常のフォント。
italic	イタリック体フォント（筆記体に近い斜体）。
oblique	斜体フォント（斜めにしただけの斜体）。

次の例は、font-styleにitalic（斜体）を指定する例です。

```
<p style="font-style: italic;">italic（斜体）のテキスト</p>
```

フォントを変換する　　　　　　　　　　　　font-variant

文字をすべて指定した方法で変換します。

font-variantに指定できる値は、common-ligatures、no-common-ligatures、discretionary-ligatures、no-discretionary-ligatures、historical-ligatures、no-historical-ligatures、contextual、no-contextual、small-caps、all-small-caps、petite-caps、all-petite-caps、titling-caps、unicase、lining-nums、oldstyle-nums、proportional-nums、tabular-nums、diagonal-fractions、stacked-fractions、jis78、jis83、jis90、jis04、simplified、traditional、full-width、proportional-widthなどが定義されています（執筆時点で実装されているのはsmall-caps程度）。

次の例は、font-variantにsmall-capsを指定する例です。small-capsを指定すると小文字が小さめの大文字に変換されます。「SMALL-CAPSのテキスト」と表示されます。

```
<p style="font-variant: small-caps;">small-capsのテキスト</p>
```

フォントのウェイトを指定する　　　　　　　　font-weight

フォントのウェイト（太さ）を指定します。
font-weightで指定できる値を表に示します。

表3.11 font-weightで指定できる値

プロパティ値	説明
inherit	親要素の値を継承する。
initial	既定値。
normal	通常の太さ。
bold	太字。
bolder	より太く。
lighter	より細く。
数値	100 − 900 の範囲で 100 間隔。100 は細く、900 は太い文字。

次の例は、font-weight に bolder を指定する例です。親要素に設定されているフォントのウェイトより太いフォントで表示されます。

```
<p style="font-weight: bolder;">bolderのテキスト</p>
```

文字の間隔を指定する　　　　　　　　　　　　　letter-spacing

文字の間隔を指定します。

letter-spacing で指定できる値は、normal または、数値（1.5em、5px など）または割合（文字間の隙間を通常の空白の幅を 100% としたパーセント）で指定します。

次の例は、letter-spacing を 2 種類の方法で指定する例です。

```
<p style="letter-spacing: normal;">normalスペーシングのテキスト</p>
<p style="letter-spacing: 5px;">スペーシングを5pxにしたテキスト</p>
```

【実行結果】letter-spacing

normalスペーシングのテキスト

スペーシングを 5 p x にした テキスト

文字とテキスト

行の高さを指定する　　　　　　　　　　　　　　line-height

行の高さを指定します。

line-height で指定できる値を表に示します。

表3.12　line-heightで指定できる値

プロパティ値	説明
auto	高さを自動計算する。
数値	フォントサイズの倍数で高さを指定。
数値	高さを長さ（1.2em、10pxなど）で指定。
数値	高さをパーセントで指定。
inherit	親要素の値を継承する。
initial	既定値。
none	親のブロック要素のフォントサイズに依存する。

次の例は、line-height を 3 種類の方法で指定する例です。

```
<p style="line-height: none;">行高さnoneのテキスト</p>
<p style="line-height: 5px;">行高さを5pxにしたテキスト</p>
<p style="line-height: 1.5;">行高さを1.5倍にしたテキスト</p>
```

行揃えの位置・均等割付を指定する　　　　　　　　text-align

行揃えの位置・均等割付を指定します。

text-align で指定できる値を表に示します。

表3.13　text-alignで指定できる値

プロパティ値	説明
inherit	親要素の値を継承する。
initial	既定値。
left	左寄せ。
center	中央揃え。
right	右寄せ。

プロパティ値	説明
start	表示領域の開始側に寄せ。通常は左寄せ。右から左に記述する言語では逆。
end	表示領域の終了側に寄せ。通常は右端。右から左に記述する言語では逆。
文字	指定した文字の位置で揃える。テーブルのセルのみ（例：style="text-align: 'a'"）。
justify	text-justifyプロパティで指定した方法で割付け。
match-parent	startとendが親のdirectionに依存する以外はinheritと同じ。

次の例は、3種類の方法でtext-alignを指定する例です。

```
<p style="text-align: start;">text-alignはstrat</p>
<p style="text-align: center;">text-alignはcenter</p>
<p style="text-align: right">text-alignはright</p>
```

テキストの装飾を指定する　　　　　　　　　text-decoration

テキストの下線・上線・打ち消し線・点滅を指定します。たとえば、a要素にnoneを指定すると、下線のないリンクを表示することができます。

text-decorationで指定できる値を表に示します。

表3.14　text-decorationで指定できる値

プロパティ値	説明
inherit	親要素の値を継承する。
initial	既定値。
none	装飾を表示しない。
underline	下線を表示する。
overline	上線を表示する。
line-through	打ち消し線を表示する。
solid	実線を表示する。
double	二重線を表示する。
dotted	点線を表示する。
dashed	破線を表示する。
wavy	波線を表示する。

プロパティ値	説明
色の値	線の色を数値や色の名前で指定する。
blink	テキストをブリンクさせる。

次の例は、text-decoration を 3 種類の方法で指定する例です。

```
<p style="text-decoration: line-through;">打ち消し線のテキスト</p>
<p style="text-decoration: underline;">下線付きのテキスト</p>
<a href="index.html";>通常のリンク</a><br />
<a href="index.html"; style="text-decoration: none";>下線のないリンク</a>
```

【実行結果】text-decoration

打ち消し線のテキスト

下線付きのテキスト

通常のリンク
下線のないリンク

インデントする量を指定する　　　　　　　　　text-indent

インデントする量とインデントの方法を指定します。

text-indent で指定できる値を表に示します。

表3.15 text-indentで指定できる値

プロパティ値	説明
inherit	親要素の値を継承する。
initial	既定値。
hanging	最初の行はインデントされず、2 行目以降がインデントされる。
each-line	最初の行と強制改行されたすべての行をインデントする。
値	インデントする量を長さ（例：5em）で指定する。
値	インデントする量をパーセントで指定する。

次の例は、2 種類の方法で text-indent を指定する例です。

```
<p style="text-indent: 5em;">長い...テキスト</p>
<p style="text-indent: hanging;">長い...テキスト</p>
```

テキストに影をつける　　　　　　　　　　text-shadow

テキストに影をつけます。

text-shadow で指定できる値を表す。

表3.16　text-shadowで指定できる値

プロパティ値	説明
inherit	親要素の値を継承する。
initial	既定値。
none	影をつけない。
値1	横方向のずれの長さを指定する。
値2	縦方向のずれの長さを指定する。
値3	ぼかし強度を長さで指定する。省略時は0（ぼかさない）。
色の値	影の色を指定する。省略時は文字色と同じ色。

次の例は、種類の方法で text-shadow を指定する例です。

```
<p style="text-shadow: 2px 2px;">影付きテキスト</p>
<p style="text-shadow: 2px 2px red;">色の影付きテキスト</p>
<p style="text-shadow: 1px 1px 0px #ff, 3px 3px 2px red">影付きテキスト</p>
```

テキストの変換方法を指定する　　　　　　　　text-transform

テキストの文字を小文字から大文字に変換したり、全角に変換するなどの変換を指定します。

text-transform で指定できる値を表に示します。

表3.17　text-transformで指定できる値

プロパティ値	説明
inherit	親要素の値を継承する。
initial	既定値。
none	変換しない。
capitalize	各単語の先頭文字を大文字にする。
uppercase	すべての文字を大文字にする。
lowercase	すべての文字を小文字にする。

プロパティ値	説明
fullwidth	すべての文字を全角文字にする。
fullsize-kana	半角カナを全角カナに変換する。

次の例は、2種類の方法でtext-transformを指定する例です。

```
<p style="text-transform: capitalize;">happy dog</p>
<p style="text-transform: fullsize-kana">ｶﾀｶﾅ</p>
```

縦方向の揃え位置を指定する　　　　　　　vertical-align

文字の縦方向の揃え位置を指定します。
vertical-alignで指定できる値を表に示します。

表3.18　vertical-alignで指定できる値

プロパティ値	説明
inherit	親要素の値を継承する。
initial	既定値。
top	その行で一番高い要素の上端に上端を揃える。
bottom	その行で一番低い要素の下端に下端を揃える。
text-top	親要素の上端に上端を揃える。
super	親要素の上付き文字の位置に表示する。
middle	親要素の中央に中央を揃える。
baseline	親要素のベースラインにベースラインを揃える。
sub	親要素の下付き文字の位置に対象要素を表示する。
text-bottom	親要素の下端に下端を揃える。
auto	自動算出する（通常はbaseline）。
値	値のパーセントだけ上にずらして表示する。
値	指定した長さだけ上にずらして表示する。
use-script	要素のscript preferred baselineを親の要素の同等のベースラインに合わせる。
central	インライン要素のcentralベースラインを親のcentralベースラインに合わせる。

次の例は、4種類の方法でvertical-alignを指定する例です。

```
<p>
    <span style="vertical-align:baseline;">Gig Dog:baseline</span>
    <span style="vertical-align:50%;">Gig Dog:50%</span>
    <span style="vertical-align:-0.8em;">Gig Dog:-0.8em</span>
    <span style="vertical-align:middle;">Gig Dog:middle</span>
</p>
```

【実行結果】vertical-align

Gig Dog:baseline　Gig Dog:50%　　Gig Dog:-0.8em　Gig Dog:middle

ホワイトスペースの表示方法を指定する　　white-space

スペース、タブ、改行の表示の方法を指定します。
white-space で指定できる値を表に示します。

表3.19　white-spaceで指定できる値

プロパティ値	説明
inherit	親要素の値を継承する。
initial	既定値。
normal	自動改行する。複数の空白・タブ・改行をひとつの空白に置換する。
pre	自動改行しない。空白・タブ・改行はそのまま表示する。
nowrap	自動改行しない。複数の空白・タブ・改行をひとつの空白に置換する。
pre-wrap	自動改行する。空白・タブ・改行はそのまま表示する。
pre-line	自動改行する。複数の空白・タブをひとつの空白に置換する。改行はそのまま表示する。

次の例は、4種類の方法で white-space を指定する例です。

```
<p style="white-space: normal;">hello,    happy    dog ! ...</p>
<p style="white-space: nowrap;">hello,    happy    dog ! ...</p>
<p style="white-space: pre-wrap;">hello,    happy    dog ! ...</p>
<p style="white-space: pre-line;">hello,    happy    dog ! ...</p>
```

単語の間隔を指定する   word-spacing

単語の間隔を指定します。

word-spacing で指定できる値を表に示します。

表3.20 word-spacingで指定できる値

プロパティ値	説明
inherit	親要素の値を継承する。
initial	既定値。
normal	単語間の隙間を自動調整する。
値	単語間の隙間を長さ（1.5em、10pxなど）で指定する。
値	単語間の隙間を通常の空白の幅を100%としたパーセントで指定する。

次の例は、4種類の方法でword-spacingを指定する例です。

```
<p style="word-spacing: normal;">hello, happy dog!(normal)</p>
<p style="word-spacing: 1.5em;">hello, happy dog!(1.5em)</p>
<p style="word-spacing: 120%;">hello, happy dog!(110%)</p>
<p style="word-spacing: 4px;">hello, happy dog!(3px)</p>
<p style="word-spacing: normal;">hello, happy dog!(normal)</p>
```

【実行結果】word-spacing

hello, happy dog!(normal)

hello,　　happy　　　dog!(1.5em)

hello, happy dog!(110%)

hello, happy dog!(3px)

hello, happy dog!(normal)

サイズ・位置・配置

高さを指定する   height

高さを指定します。

heightで指定できる値を表に示します。

表3.21　heightで指定できる値

プロパティ値	説明
inherit	親要素の値を継承する。
initial	既定値。
値	高さを長さ（10em、100pxなど）で指定する。
値	高さをパーセントで指定する。
auto	高さを自動計算する。

次の例は、div要素にwidth、height、borderを指定する例です。

```
<div style="width:300px; height:50px; border:2px solid red;" />
```

【実行結果】width、height、border

高さの最大値を指定する　　　　　　　　　　max-height

高さの最大値を指定します。
max-heightで指定できる値を表に示します。

表3.22　max-heightで指定できる値

プロパティ値	説明
inherit	親要素の値を継承する。
initial	既定値。
値	高さを長さ（1.5em、10pxなど）で指定する。
値	高さを要素の大きさに対するパーセントで指定する。
auto	高さを自動計算する。

次の例は、max-height、border、max-width、overflow-yを指定する例です。

```
<div style="max-height:80px; border:1px solid #999999;
        max-width:120px; overflow-y:scroll">
  こんにちは。今日は良いお天気ですねえ。山に釣りにでも行きますかぁ？
</div>
```

【実行結果】max-height、border、max-width、overflow-y

高さの最小値を指定する　　　　　　　　　　　　min-height

高さの最小値を指定します。

min-heightで指定できる値を表に示します。

表3.23　min-heightで指定できる値

プロパティ値	説明
inherit	親要素の値を継承する。
initial	既定値。
値	高さを長さ（1.5em、10pxなど）で指定する。
値	高さを要素の大きさに対するパーセントで指定する。
auto	高さを自動計算する。

幅を指定する　　　　　　　　　　　　　　　　　width

幅を指定します。

widthで指定できる値を表に示します。

表3.24　widthで指定できる値

プロパティ値	説明
inherit	親要素の値を継承する。
initial	既定値。
値	横幅を長さ（10em、100pxなど）で指定する。
値	横幅をパーセントで指定する。
auto	横幅を自動計算する。

「高さを指定する（height）」の例参照。

幅の最大値を指定する　　　　　　　　　　　　　max-width

幅の最大値を指定します。

max-width で指定できる値を表に示します。

表3.25　max-widthで指定できる値

プロパティ値	説明
inherit	親要素の値を継承する。
initial	既定値。
値	横幅を長さ（1.5em、10px など）で指定する。
値	横幅を要素の大きさに対するパーセントで指定する。

「高さの最大値を指定する（max-height）」の例参照。

幅の最小値を指定する　　　　　　　　　　　　　min-width

幅の最小値を指定します。

min-width で指定できる値を表に示します。

表3.26　min-widthで指定できる値

プロパティ値	説明
inherit	親要素の値を継承する。
initial	既定値。
値	横幅を長さ（1.5em、10px など）で指定する。
値	横幅を要素の大きさに対するパーセントで指定する。

マージンを指定する　　　　　　　　　　　　　　margin

マージンに関する最大4種類（margin-top、margin-bottom、margin-left、margin-right）の設定をまとめて指定できます。

margin で指定できる値を表に示します。

表3.27 marginで指定できる値

プロパティ値	説明
値	マージンを長さ（1.5em、10pxなど）で指定する。
値	マージンを要素の大きさに対するパーセントで指定する。
auto	マージンを自動計算する。

「パディングを指定する（padding）」参照。

次の例は、marginを指定する例です。

```
<hr />
<div style="margin: 10px 10px 10px 10px;">Hello!</div>
<hr />
<div style="margin: 20px 20px 20px 20px;">Hello!</div>
<hr />
<div style="margin: 30px 30px 30px 30px;">Hello!</div>
<hr />
```

【実行結果】margin

Hello!

Hello!

Hello!

上マージンを指定する　　　　　　　　　　　margin-top

上マージンを指定します。

margin-topで指定できる値を表に示します。

表3.28 margin-topで指定できる値

プロパティ値	説明
inherit	親要素の値を継承する。
initial	既定値。
値	マージンを長さ（1.5em、10pxなど）で指定する。

プロパティ値	説明
値	マージンを要素の大きさに対するパーセントで指定する。
auto	マージンを自動計算する。

次の例は、`margin-top` に異なる値を指定する例です。

```
<hr />
<div style="margin-top: 10px;">Hello!</div>
<hr />
<div style="margin-top: 20px;">Hello!</div>
<hr />
<div style="margin-top: 30px;">Hello!</div>
<hr />
```

【実行結果】margin-top

Hello!

Hello!

Hello!

下マージンを指定する　　　　　　　　　margin-bottom

下マージンを指定します。

`margin-bottom` で指定できる値を表に示します。

表3.29　margin-bottomで指定できる値

プロパティ値	説明
inherit	親要素の値を継承する。
initial	既定値。
値	マージンを長さ（1.5em、10pxなど）で指定する。
値	マージンを要素の大きさに対するパーセントで指定する。
auto	マージンを自動計算する。

左マージンを指定する   margin-left

左マージンを指定します。
margin-left で指定できる値を表に示します。

表3.30 margin-leftで指定できる値

プロパティ値	説明
inherit	親要素の値を継承する。
initial	既定値。
値	マージンを長さ（1.5em、10pxなど）で指定する。
値	マージンを要素の大きさに対するパーセントで指定する。
auto	マージンを自動計算する。

右マージンを指定する   margin-right

右マージンを指定します。
margin-right で指定できる値を表に示します。

表3.31 margin-rightで指定できる値

プロパティ値	説明
inherit	親要素の値を継承する。
initial	既定値。
値	マージンを長さ（1.5em、10pxなど）で指定する。
値	マージンを要素の大きさに対するパーセントで指定する。
auto	マージンを自動計算する。

パディングを指定する   padding

パディングに関する最大4個の値（padding-top、padding-bottom、padding-left、padding-right）の設定をまとめて指定できます。
padding で指定できる値を表に示します。

表3.32　paddingで指定できる値

プロパティ値	説明
`inherit`	親要素の値を継承する。
`initial`	既定値。
値	パディングを長さ（1.5em、10pxなど）で指定する。
値	パディングを要素の大きさに対するパーセントで指定する。

次の例は、paddingに3種類の値を指定する例です。

```
<div style="padding: 10px; border:2px solid navy; width:100px">
こんにちは。今日は良いお天気ですねえ。</div>

<div style="padding: 30px; border:2px solid navy; width:100px">
こんにちは。今日は良いお天気ですねえ。</div>

<div style="padding: 50px; border:2px solid navy; width:100px">
こんにちは。今日は良いお天気ですねえ。</div>
```

【実行結果】padding

上パディングを指定する　　　　padding-top

上部のパディングを指定します。

padding-topで指定できる値を表に示します。

CSS

表3.33　padding-topで指定できる値

プロパティ値	説明
inherit	親要素の値を継承する。
initial	既定値。
値	パディングを長さ（1.5em、10pxなど）で指定する。
値	パディングを要素の大きさに対するパーセントで指定する。

次の例は、padding-topに3種類の値を指定する例です。

```
<div style="padding-top: 10px; border:2px solid navy; width:220px">
    こんにちは。今日は良いお天気ですねえ。</div>

<div style="padding-top: 30px; border:2px solid navy; width:220px">
こんにちは。今日は良いお天気ですねえ。</div>

<div style="padding-top: 50px; border:2px solid navy; width:220px">
こんにちは。今日は良いお天気ですねえ。</div>
```

【実行結果】padding-top

こんにちは。今日は良いお天気ですねえ。
こんにちは。今日は良いお天気ですねえ。
こんにちは。今日は良いお天気ですねえ。

下パディングを指定する　　　　　padding-bottom

下部のパディングを指定します。

padding-bottomで指定できる値を表に示します。

表3.34　padding-bottomで指定できる値

プロパティ値	説明
inherit	親要素の値を継承する。
initial	既定値。

プロパティ値	説明
値	パディングを長さ（1.5em、10pxなど）で指定する。
値	パディングを要素の大きさに対するパーセントで指定する。

「上パディングを指定する（padding-top）」の例参照。

左パディングを指定する　　　　　　　　　　　padding-left

左側のパディングを指定します。

padding-left で指定できる値を表に示します。

表3.35　padding-leftで指定できる値

プロパティ値	説明
inherit	親要素の値を継承する。
initial	既定値。
値	パディングを長さ（1.5em、10pxなど）で指定する。
値	パディングを要素の大きさに対するパーセントで指定する。

「上パディングを指定する（padding-top）」の例参照。

右パディングを指定する　　　　　　　　　　　padding-right

右側の右パディングを指定します。

padding-right で指定できる値を表に示します。

表3.36　padding-rightで指定できる値

プロパティ値	説明
inherit	親要素の値を継承する。
initial	既定値。
値	パディングを長さ（1.5em、10pxなど）で指定する。
値	パディングを要素の大きさに対するパーセントで指定する。

「上パディングを指定する（padding-top）」の例参照。

上からの距離を指定する　　　　　　　　　　　　　　　top

上からの配置位置（距離）を指定します。position に absolute または relative を指定した要素に対して指定可能です。

top で指定できる値を表に示します。

表3.37　topで指定できる値

プロパティ値	説明
値	距離を長さで指定する。
値	距離をパーセントで指定する。
auto	自動計算する。

次の例は、外側の枠（border を指定した div 要素）が水平線（hr 要素）より相対距離で上から 10px 離れた位置に表示され、内側の枠が外側の枠から相対距離で上から 30px、左から 5px 離れた位置に表示されるように指定する例です。

```
<hr />
<div style="top:10px; position:relative; border:2px solid red;
    width: 120px; height:80px">
  <div style="top:30px; left:5px; position:relative; border:2px solid blue;">
    こんにちは。
  </div>
</div>
```

【実行結果】top

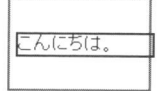

下からの距離を指定する　　　　　　　　　　　　　　bottom

下からの配置位置（距離）を指定します。position に absolute または relative を指定した要素に対して指定可能です。

bottom で指定できる値を表に示します。

表3.38　bottomで指定できる値

プロパティ値	説明
値	距離を長さで指定する。
値	距離をパーセントで指定する。
auto	自動計算する。

「上からの距離を指定する（top）」の例参照。

左からの距離を指定する　　　　　　　　　　　　　　　　left

左からの配置位置（距離）を指定します。positionにabsoluteまたはrelativeを指定した要素に対して指定可能です。

leftで指定できる値を表に示します。

表3.39　leftで指定できる値

プロパティ値	説明
値	距離を長さで指定する。
値	距離をパーセントで指定する。
auto	自動計算する。

「上からの距離を指定する（top）」の例参照。

右からの距離を指定する　　　　　　　　　　　　　　　　right

右からの配置位置（距離）を指定します。positionにabsoluteまたはrelativeを指定した要素に対して指定可能です。

rightで指定できる値を表に示します。

表3.40　rightで指定できる値

プロパティ値	説明
値	距離を長さで指定する。
値	距離をパーセントで指定する。
auto	自動計算する。

「上からの距離を指定する（top）」の例参照。

回り込み表示方法を指定する　　　　　　　　　　　　　　float

画像などの表示位置と、それに対するテキストなどの回り込みの方法を指定します。left または right を指定すると、テキストがその周りを回り込むように表示されます。

回り込みを解除するには clear を指定します。

float で指定できる値を表に示します。

表3.41　floatで指定できる値

プロパティ値	説明
inherit	親要素の値を継承する。
initial	既定値。
left	要素を左端に寄せて表示し、右側にテキストを回りこませます。
right	要素を右端に寄せて表示し、左側にテキストを回りこませます。
none	回り込みを行いません。
initial	既定値 (none)。

次の例は、float に left（左）や right（右）を指定してテキストの回り込みを指示したり、clear に left（左）や right（右）を指定してテキストの回り込みを解除する指定の例です。

```
<div style="width:400px; border:2px solid gray; margin:5px">
  <img src="dog.jpg" alt="" style="height:60px; width:60px; float:left" />
  <div>わんこのマリです。テキストは右側に回り込んでいます。</div>
  <div style="clear:left">わんこのマリです。右側の回りこみを解除しました。</div>
</div>
<div style="width:400px; border:2px solid gray; margin:5px">
  <img src="dog.jpg" alt="" style="height:60px; width:60px; float:right" />
  <div>わんこのマリです。テキストは左側に回り込んでいます。</div>
  <div style="clear:right">わんこのマリです。左側回り込み解除しました。</div>
</div>
```

【実行結果】float

> わんこのマリです。テキストは右側に回り込んでいます。
> わんこのマリです。右側の回りこみを解除しました。
> わんこのマリです。テキストは左側に回り込んでいます。
> わんこのマリです。左側回り込み解除しました。

回り込みを解除する　　　　　　　　　　　　　　　　　clear

`float`で設定したテキストの回りこみ設定を解除します。

`clear`で指定できる値を表に示します。

表3.42　clearで指定できる値

プロパティ値	説明
inherit	親要素の値を継承する。
initial	既定値。
none	解除しない。
left	左側だけ解除する。
right	右側だけ解除する。
both	左右両方解除する。

「回り込み表示方法を指定する（float）」参照

クリッピングする　　　　　　　　　　　　　　　　　　clip

画像などの一部を矩形にクリッピング（切り抜き）表示します。`position:absolute`または`position:fixed`を適用した要素に対し有効です。

`clip`で指定できる値を表に示します。

表3.43　clipで指定できる値

プロパティ値	説明
inherit	親要素の値を継承する。
initial	既定値。

プロパティ値	説明
initial	既定値(クリップしない)。
auto	クリップしない。
rect(t,b,r,l)	クリップする。tとbは上端からの、rとlは左端からのオフセットで指定する。

次の例は、イメージに対して clip を指定する例です。

```
<img src="beach.jpg" style="clip: auto; left:5px; position: absolute;" />
<img src="beach.jpg"
style="clip: rect(0px, 50px, 50px, 0px); left:260px; position:absolute;" />
<img src="beach.jpg"
style="clip: initial; left: 360px; position:absolute;" />
```

【実行結果】clip

文の方向を指定する　　　　　direction

文章の方向を、右から左、または左から右に指定します。unicode-bidi と組み合わせて指定します。テーブルのセルの方向などにも影響します。日本語や英語のドキュメントの場合、通常は ltr ですが rtl を指定することもできます。ただし、左から右に書く文字の場合は、完全に逆にはなりません(例参照)。

direction で指定できる値を表に示します。

表3.44　directionで指定できる値

プロパティ値	説明
inherit	親要素の値を継承する。

プロパティ値	説明
initial	既定値。
ltr	left to right の略。左から右。英語、日本語など。
rtl	right to left の略。右から左。アラビア語など。

次の例は、directionを指定する例です。

```
<p style="direction:ltr;" >こんにちわん。にゃお。</p>
<p style="direction:rtl;" >こんにちわん。にゃお。</p>
<p style="direction:ltr;" >style="direction:ltr;</p>
<p style="direction:rtl;" >style="direction:rtl;</p>
```

【実行結果】direction

こんにちわん。にゃお。

　　　　　　　　　。こんにちわん。にゃお

style="direction:ltr;

　　　　　　　　　;style="direction:rtl

要素の表示形式を指定する　　　　　　　　　display

要素を表示する形式を指定します。要素の表示形式は、ブロック、インライン、リストの項目、テーブルの内容などです。

displayで指定できる値を表に示します。

表3.45　displayで指定できる値

プロパティ値	説明
block	ブロックボックスとして表示する。
compact	状況に応じてブロックボックスまたはマーカーボックスとして表示する。
inherit	親要素の値を継承する。
inline	インラインボックスとして表示する（初期値）。
inline-block	インラインレベルのブロックコンテナを生成する。インライン要素のような表示形式で、内部はブロックボックスで高さや幅などを指定できる。
inline-table	インラインレベルのテーブル。

プロパティ値	説明
list-item	リストアイテム。li 要素のようにリスト内容が収められるブロックボックスと、リストマーカーのためのマーカーボックスを生成する。
none	ボックスが生成されず、何も表示されない。レイアウトに影響を与えない。
ruby	ルビ。ruby 要素に相当する。
ruby-base	ルビベース。rb 要素に相当する。
ruby-base-group	ルビベースグループ。rbc 要素に相当する。
ruby-text	ルビテキスト。rt 要素に相当する。
ruby-text-group	ルビテキストグループ。rtc 要素に相当する。
run-in	状況に応じてブロックまたはインラインボックスのいずれかを作成する。
table	テーブル要素。table 要素に相当する。
table-caption	テーブルのキャプション。caption 要素に相当する。
table-cell	テーブルのセル。th 要素、td 要素に相当する。
table-column	テーブルの行。col 要素に相当する。
table-column-group	テーブルの行グループ。colgroup 要素に相当する。
table-footer-group	テーブルのフッタグループ。tfoot 要素に相当する。
table-header-group	テーブルのヘッダグループ。thead 要素に相当する。
table-row	テーブルの列。tr 要素に相当する。
table-row-group	テーブルの列グループ。tbody 要素に相当する。

次の例は、2 種類の方法で display を指定する例です。

```
<div style="display:inline; color:white; background:navy;
  padding:5px">inline</div>
<p>普通のテキスト
  <span style="display:inline-block; color:white; background:blue;
    border:1px solid gray;">
    inline-block</span>
  おしまい。
</p>
```

【実行結果】display

inline

普通のテキスト inline-block おしまい。

はみ出た内容の表示方法を指定する　　　overflow

はみ出た内容の表示方法を指定します。
overflowで指定できる値を表に示します。

表3.46　overflowで指定できる値

プロパティ値	説明
inherit	親要素の値を継承する。
initial	既定値。
visible	要素の領域をはみ出して、コンテンツを表示する。
hidden	要素の領域をはみ出したコンテンツは表示しない。
scroll	要素の領域をはみ出したコンテンツはスクロールで表示する。
auto	必要に応じてスクロールで表示する。
no-display	コンテンツがはみ出す場合、要素自体を表示しない。
no-content	コンテンツがはみ出す場合、コンテンツ全体を表示しない。

次の例は、height、width、border、overflowを指定する例です。

```
<div style="height:120px; border:1px solid navy; width:260px;
  overflow:scroll">
    こんにちは。<br />今日は本当に良いお天気ですねえ。<br />
    どうです、山に釣りにでも行きますかぁ？<br />
    それとも、海に山菜取りに行きますかぁ？
</div>
```

【実行結果】height、width、border、overflow

横にはみ出た内容の表示方法を指定する　　　overflow-x

横にはみ出た内容の表示方法を指定します。
「はみ出た内容の表示方法を指定する（overflow）」参照。

縦にはみ出た内容の表示方法を指定する　　　overflow-y

縦にはみ出た内容の表示方法を指定します。

次の例は、max-height、border、max-width、overflow-y を指定する例です。

```
<div style="max-height:80px; border:1px solid #999999;
            max-width:120px; overflow-y:scroll">
  こんにちは。今日は良いお天気ですねえ。山に釣りにでも行きますかぁ？
</div>
```

【実行結果】max-height、border、max-width、overflow-y

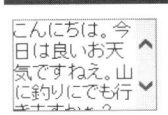

要素の配置方法を指定する　　　position

要素を配置する際の配置方法を指定します。

position で指定できる値を表に示します。

表3.47　positionで指定できる値

プロパティ値	説明
static	通常のフローに従って配置される。top、left、right、bottom 属性は意味を持たない。
relative	static の位置から、top、left、right、bottom で指定されたぶんずらされた場所に配置される。次の要素の配置に対しては影響を与えない。
absolute	親要素が position:static のときはウィンドウの左上、親要素が position:static 以外のときは親要素の左上を基準位置とし、top、left、right、bottom で指定されたぶんずらされた絶対位置に配置する。
fixed	absolute と同じ方法で計算された位置がいくつかの基準に従って固定された位置に配置される。

次の例は、外側の枠（border を指定した div 要素）が水平線（hr 要素）より相対距離で上から 10px 離れた位置に表示され、内側の枠が外側の枠から相対

距離で上から 30px、左から 5px 離れた位置に表示されるように指定する例です。

```
<hr />
<div style="top:10px; position:relative; border:2px solid red;
    width: 120px; height:80px">
  <div style="top:30px; left:5px; position:relative; border:2px solid blue;">
    こんにちは。
  </div>
</div>
```

【実行結果】position

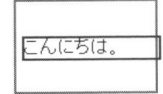

文字表記の方向を direction で上書きする　　unicode-bidi

Unicode の文字表記の方向を決定する Unicode によるアルゴリズムを、`direction` で強制的に上書きするかどうかを指定します。Unicode で英語や日本語など左から右に書く言語と、アラビア語など右から左に書く言語が混在する場合、文字によって適切に文書の方向を決定する双方向アルゴリズムが実装されていることが多いですが、このアルゴリズムでは期待通りの表示が行われない場合に指定します。

`unicode-bidi` で指定できる値を表に示します。

表3.48 unicode-bidiで指定できる値

プロパティ値	説明
`inherit`	親要素の値を継承する。
`initial`	既定値。
`normal`	何も指定しないのと同様の動作を行います。
`embed`	単語の並びを `direction` の方向に並び替える。ただし、単語中の文字は並び替えない。
`bidi-override`	単語の並び、単語中の文字の並びを `direction` の方向に並び替える。

プロパティ値	説明
isolate	要素のコンテンツは、個々の独立した段落中にあるとみなす。
plaintext	要素の direction に影響されない。

重なりの順序を指定する   z-index

複数の要素が重なるときの、重なりの順序を指定します。position に static が設定されている要素では無効です。

z-index で指定できる値を表に示します。

表3.49 z-indexで指定できる値

プロパティ値	説明
inherit	親要素の値を継承する。
initial	既定値。
auto	重なり順序をブラウザが自動的に決定する。
整数値	表示順序を指定する整数。大きな値の要素ほど前面に表示される。負の数も指定可能。

次の例は、3個の div 要素で作成した四角形に z-index を指定する例です。

```
<head>
  <meta charset="utf-8" />
  <title>z-indexのサンプル</title>
  <style type="text/css">
    .sample {
      position: absolute;
      padding: 2px;
      width: 80px;
      height: 80px;
      border: 1px solid;
    }
  </style>
</head>
<body>
  <div style="position:relative; height:160px; width:80px; color: #556677; ">
    <div class="sample" style="z-index:2; top:20px; left:20px;
      background:black;">
```

```html
      <span style="font-size:larger; color:white;">1</span>
    </div>
    <div class="sample" style="z-index:3; top:60px; left:40px;
        background:Gray;">
      <span style="font-size:larger; color:black;">2</span>
    </div>
    <div class="sample" style="z-index:1; top:40px; left:60px;
        background:lightgray;   text-align:right;">
      <span style="font-size:larger; color:black;">3</span>
    </div>
  </div>
</body>
```

【実行結果】z-index

ボーダー

ボーダーの設定を指定する　　　　　　　　border

ボーダー（境界線）のスタイル、太さ、色を指定します。

borderで指定できる値を表に示します。

表3.50　borderで指定できる値

プロパティ値	説明
inherit	親要素の値を継承する。
initial	既定値。
値	線の太さを指定する。
スタイル値	線の種類を指定する。
カラー値	線の色を数値や色の名前で指定する。

「高さを指定する（height）」、「高さの最大値を指定する（max-height）」、「パディングを指定する（padding）」、「上パディングを指定する（padding-top）」、「上からの距離を指定する（top）」の例参照。

上部のボーダーの設定を指定する　　　　border-top

上部のボーダー（境界線）のスタイル、太さ、色を指定します。
border-top で指定できる値を表に示します。

表3.51　border-topで指定できる値

プロパティ値	説明
inherit	親要素の値を継承する。
initial	既定値。
値	線の太さを指定する。
スタイル値	線の種類を指定する。
カラー値	線の色を数値や色の名前で指定する。

底辺のボーダーの設定を指定する　　　　border-bottom

底部のボーダー（境界線）のスタイル、太さ、色を指定します。
border-bottom で指定できる値を表に示します。

表3.52　border-bottomで指定できる値

プロパティ値	説明
inherit	親要素の値を継承する。
initial	既定値。
値	線の太さを指定する。
スタイル値	線の種類を指定する。
カラー値	線の色を数値や色の名前で指定する。

左側のボーダーの設定を指定する　　　　border-left

左側のボーダー（境界線）のスタイル、太さ、色を指定します。

border-left で指定できる値を表に示します。

表3.53 border-leftで指定できる値

プロパティ値	説明
inherit	親要素の値を継承する。
initial	既定値。
値	線の太さを指定する。
スタイル値	線の種類を指定する。
カラー値	線の色を数値や色の名前で指定する。

右側のボーダーの設定を指定する　　border-right

右側のボーダー（境界線）のスタイル、太さ、色を指定する
border-right で指定できる値を表に示します。

表3.54 border-rightで指定できる値

プロパティ値	説明
inherit	親要素の値を継承する。
initial	既定値。
値	線の太さを指定する。
スタイル値	線の種類を指定する。
カラー値	線の色を数値や色の名前で指定する。

ボーダーの太さを指定する　　border-width

ボーダー（境界線）の太さを指定します。
border-width で指定できる値を表に示します。

表3.55 border-widthで指定できる値

プロパティ値	説明
inherit	親要素の値を継承する。
initial	既定値。
値	線の太さを指定する。

プロパティ値	説明
thin	細い線にする。
medium	中程度の線にする。
thick	太い線にする。

次の例は、border-widthに2pxを指定して矩形を描く例です。

```
<div style="border-width:2px; border-style:solid; border-color:red;
    width: 120px; height:80px" />
```

上部のボーダーの太さを指定する　　border-top-width

上部のボーダー（境界線）の太さを指定します。
border-top-widthで指定できる値を表に示します。

表3.56　border-top-widthで指定できる値

プロパティ値	説明
inherit	親要素の値を継承する。
initial	既定値。
値	線の太さを指定する。
thin	細い線にする。
medium	中程度の線にする。
thick	太い線にする。

底辺のボーダーの太さを指定する　　border-bottom-width

底部のボーダー（境界線）の太さを指定します。
border-bottom-widthで指定できる値を表に示します。

表3.57　border-bottom-widthで指定できる値

プロパティ値	説明
inherit	親要素の値を継承する。
initial	既定値。
値	線の太さを指定する。

プロパティ値	説明
thin	細い線にする。
medium	中程度の線にする。
thick	太い線にする。

左側のボーダーの太さを指定する　　border-left-width

左側のボーダー（境界線）の太さを指定します。
border-left-width で指定できる値を表に示します。

表3.58　border-left-widthで指定できる値

プロパティ値	説明
inherit	親要素の値を継承する。
initial	既定値。
値	線の太さを指定する。
thin	細い線にする。
medium	中程度の線にする。
thick	太い線にする。

右側のボーダーの太さを指定する　　border-right-width

右側のボーダー（境界線）の太さを指定します。
border-right-width で指定できる値を表に示します。

表3.59　border-right-widthで指定できる値

プロパティ値	説明
inherit	親要素の値を継承する。
initial	既定値。
値	線の太さを指定する。
thin	細い線にする。
medium	中程度の線にする。
thick	太い線にする。

ボーダーの色を指定する　　　　　　　　　　border-color

ボーダー（境界線）の色を指定します。色の値は最大で4個指定でき、値を4つ指定した場合、それぞれは、上、右、下、左の線に適用されます。

border-colorで指定できる値を表に示します。

表3.60　border-colorで指定できる値

プロパティ値	説明
inherit	親要素の値を継承する。
initial	既定値。
カラー値	線の色を数値や色の名前で指定する。

次の例は、border-colorにredを指定して矩形を描く例です。

```
<div style="border-width:2px; border-style:solid; border-color:red;
    width: 120px; height:80px" />
```

上部のボーダーの色を指定する　　　　　　border-top-color

上部のボーダー（境界線）の色を指定します。

border-top-colorで指定できる値を表に示します。

表3.61　border-top-colorで指定できる値

プロパティ値	説明
inherit	親要素の値を継承する。
initial	既定値。
カラー値	線の色を数値や色の名前で指定する。

底辺のボーダーの色を指定する　　　　　　border-bottom-color

底部のボーダー（境界線）の色を指定します。

border-bottom-colorで指定できる値を表に示します。

表3.62　border-bottom-colorで指定できる値

プロパティ値	説明
inherit	親要素の値を継承する。
initial	既定値。
カラー値	線の色を数値や色の名前で指定する。

左側のボーダーの色を指定する　　border-left-color

左側のボーダー（境界線）の色を指定します。

`border-left-color`で指定できる値を表に示します。

表3.63　border-left-colorで指定できる値

プロパティ値	説明
inherit	親要素の値を継承する。
initial	既定値。
カラー値	線の色を数値や色の名前で指定する。

右側のボーダーの色を指定する　　border-right-color

右側のボーダー（境界線）の色を指定します。

`border-right-color`で指定できる値を表に示します。

表3.64　border-right-colorで指定できる値

プロパティ値	説明
inherit	親要素の値を継承する。
initial	既定値。
カラー値	線の色を数値や色の名前で指定する。

ボーダーのスタイルを指定する　　border-style

ボーダー（境界線）のスタイルを指定します。

`border-style`で指定できる値を表に示します。

表3.65 border-styleで指定できる値

プロパティ値	説明
inherit	親要素の値を継承する。
initial	既定値。
none	線を表示しない。他のセルの線と重なる場合は、他のセル線が優先される。
hidden	線を表示しない。他のセルの線と重なる場合は、hiddenが優先される。
dotted	点線で表示する。
dashed	破線で表示する。
solid	実線で表示する。
double	二重線で表示する。
groove	線が窪んで見えるような線で表示する。
ridge	線が突起して見えるような線で表示する。
inset	領域全体が窪んで見えるような線で表示する。
outset	領域全体が突起して見えるような線で表示する。

次の例は、border-styleにsolidを指定して矩形を描く例です。

```
<div style="border-width:2px; border-style:solid; border-color:red;
    width: 120px; height:80px" />
```

上部のボーダーのスタイルを指定する　　border-top-style

上部のボーダー（境界線）のスタイルを指定します。

「ボーダーのスタイルを指定する（border-style）」を参照してください。

底辺のボーダーのスタイルを指定する　　border-bottom-style

底部のボーダー（境界線）のスタイルを指定する。

「ボーダーのスタイルを指定する（border-style）」を参照してください。

左側のボーダーのスタイルを指定する　　border-left-style

左側のボーダー（境界線）のスタイルを指定する。

「ボーダーのスタイルを指定する（border-style）」を参照してください。

右側のボーダーのスタイルを指定する　　border-right-style

右側のボーダー（境界線）のスタイルを指定する。
「ボーダーのスタイルを指定する（border-style）」を参照してください。

テーブルとリスト

テーブルのボーダーの表示方法を指定する　　border-collapse

テーブル要素またはテーブル内の要素で、隣り合ったテーブルセルのボーダー（境界線）の表示の方法を指定します。

border-collapse で指定できる値を表に示します。

表3.66 border-collapseで指定できる値

プロパティ値	説明
collapse	重なり合わせて表示する。
separate	離して表示する。隙間の間隔は border-spacing で調節する。

次の例は、2種類の方法で border-collapse を指定する例です。

```
<head>
  <meta charset="utf-8" />
  <title>テーブルのサンプル</title>
  <style type="text/css">
    table {
      border: 1px solid navy;
      margin: 0em 1em 1em 1em;
    }
    td {
      border: 1px solid navy;
      width: 100px;
    }
  </style>
</head>
<body>

<h3>border-collapse:collapse</h3>
<table style="border-collapse: collapse; text-align:center;">
```

```html
  <tr><td>男子</td><td>Boys</td></tr>
  <tr><td>女子</td><td>Girls</td></tr>
</table>

<h3>border-collapse:separate</h3>
<table style="border-collapse: separate; text-align:center;">
  <tr><td>男子</td><td>Boys</td></tr>
  <tr><td>女子</td><td>Girls</td></tr>
</table>

</body>
```

【実行結果】border-collapse

border-collapse:collapse

男子	Boys
女子	Girls

border-collapse:separate

男子	Boys
女子	Girls

テーブルのボーダーの間隔を指定する　　　border-spacing

テーブル要素またはテーブル内の要素で、セルのボーダー（境界線）の間隔を値で指定します。border-collapse に separate が指定されている場合に限って有効です。

次の例は、border-spacing を指定する例です。

```html
<head>
  <meta charset="utf-8" />
  <title>テーブルのサンプル</title>
  <style type="text/css">
    table {
      border: 1px solid navy;
      border-spacing: 5px;
      margin: 0em 1em 1em 1em;
    }
```

```
      td {
        border: 1px solid navy;
        width: 100px;
      }
    </style>
  </head>
  <body>

  <table style="border-collapse: separate; text-align:center;">
    <tr><td>男子</td><td>Boys</td></tr>
    <tr><td>女子</td><td>Girls</td></tr>
  </table>

  </body>
```

【実行結果】border-spacing

| 男子 | Boys |
| 女子 | Girls |

テーブルのキャプションの位置を指定する　　caption-side

テーブル（表）のキャプション（表題）の位置を指定します。
caption-sideで指定できる値を表に示します。

表3.67　caption-sideで指定できる値

プロパティ値	説明
inherit	親要素の値を継承する。
initial	既定値（上）。
top	上部に表示する。
bottom	下部に表示する。

次の例は、caption-sideにbottomを指定する例です。HTMLソース上は要素がtr要素より前にありますが、テーブルの下に表示される点に注意してください。

```
<table style="caption-side: bottom; text-align:center;">
  <caption>よくわかる英語</caption>
  <tr><td>男子</td><td>Boys</td></tr>
  <tr><td>女子</td><td>Girls</td></tr>
</table>
```

【実行結果】caption-side

男子	Boys
女子	Girls

よくわかる英語

テーブルの空白セルの表示／非表示を指定する　empty-cells

テーブル要素またはテーブル内の要素で、テーブルのセルの中身が空のときに、空白セルのボーダー（境界線）の表示／非表示を指定します。

empty-cells で指定できる値を表に示します。

表3.68　empty-cellsで指定できる値

プロパティ値	説明
inherit	親要素の値を継承する。
initial	既定値。
show	表示する。
hide	表示しない。

次の例は、2種類の方法で empty-cells を指定する例です。

```
<head>
  <meta charset="utf-8" />
  <title>テーブルのサンプル</title>
  <style type="text/css">
    table {
      border: 1px solid navy;
      margin: 0em 1em 1em 1em;
    }
    td {
      border: 1px solid navy;
      width: 100px;
```

```
      }
    </style>
  </head>
  <body>
    <h3>empty-cells:show</h3>
    <table style="empty-cells: show; bottom; text-align:center;">
      <tr><td>男子</td><td>Boys</td></tr>
      <tr><td>女子</td><td>Girls</td></tr>
      <tr><td>中性</td><td></td></tr>
    </table>

    <h3>empty-cells:hide</h3>
    <table style="empty-cells: hide; bottom; text-align:center;">
      <tr><td>男子</td><td>Boys</td></tr>
      <tr><td>女子</td><td>Girls</td></tr>
      <tr><td>中性</td><td></td></tr>
    </table>
  </body>
```

【実行結果】empty-cells

empty-cells:show

男子	Boys
女子	Girls
中性	

empty-cells:hide

男子	Boys
女子	Girls
中性	

テーブルのレイアウト方法を指定する　　　　　table-layout

テーブル（表）をレイアウトするときの計算の方法を指定します。

table-layout で指定できる値を表に示します。fixed を指定すると、長いテーブルを読み込む際のテーブルの表示速度が改善する可能性があります。

表3.69　table-layoutで指定できる値

プロパティ値	説明
auto	テーブルの情報を読み込みながら、実装されたアルゴリズムに従って各列の横幅を最適に算出しながら表示する。
fixed	テーブルの1行目を読み込んだ時点で各列の横幅を算出し、以後、その横幅を維持する。

次の例は、2種類の方法で table-layout を指定する例です。

```html
<head>
  <meta charset="utf-8" />
  <title>テーブルのサンプル</title>
  <style type="text/css">
    table {
      border: 1px solid navy;
    }
    td {
      border: 1px solid navy;
    }
  </style>
</head>
<body>
  <h3>table-layout:auto</h3>
  <table style="table-layout:auto;">
    <tr><td>男子</td><td>Boys</td></tr>
    <tr><td>女子</td><td>Girls</td></tr>
  </table>

  <h3>table-layout:fixed</h3>
  <table style="table-layout:fixed;" >
    <tr><td>男子</td><td>Boys</td></tr>
    <tr><td>女子</td><td>Girls</td></tr>
  </table>
</body>
```

【実行結果】table-layout

table-layout:auto

男子	Boys
女子	Girls

table-layout:fixed

男子	Boys
女子	Girls

リストのマーカーを指定する　　　　　　　　　　list-style

リストのマーカーの、スタイル、イメージ、位置の設定をまとめて指定できます。これは、表の「単独プロパティ」の値を必要なだけ一度に指定したいときに使うことができます。

表3.70　list-styleで指定できる値

プロパティ値	説明	単独プロパティ
inherit	親要素の値を継承する。	
initial	既定値。	
種類	マーカーの種類を指定する。	list-style-type
イメージ	マーカーの画像を指定する。	list-style-image
位置の値	マーカーの位置を指定する。	list-style-position

次の例は、list-styleを指定する例です。

```
<div>
  <ul style="list-style:square; list-style-position:outside">
    <li>わんこ</li>
    <li>にゃんこ</li>
    <li>はとぽっぽ</li>
  </ul>
</div>
```

CSS

【実行結果】list-style

- わんこ
- にゃんこ
- はとぽっぽ

リストのマーカー画像を指定する　　　list-style-image

リストのマーカー画像を指定します。

list-style-image で指定できる値を表に示します。

表3.71 list-style-imageで指定できる値

プロパティ値	説明
inherit	親要素の値を継承する。
initial	既定値（・）。
URL	マーカーの画像の URL を指定する。
none	マーカーを表示ししない。

次の例は、list-style-image で HTML があるのと同じディレクトリにあるファイル sect.jpg を指定する例です。

```
<div>
  <ul style="list-style-image:url(./sect.jpg)";>
    <li>わんこ</li>
    <li>にゃんこ</li>
    <li>はとぽっぽ</li>
  </ul>
</div>
```

【実行結果】list-style-image

§ わんこ
§ にゃんこ
§ はとぽっぽ

リストのマーカー文字の種類を指定する　　list-style-type

`list-style-type` プロパティで、リストの先頭に表示するマーカー文字を表示しない（none）を指定できます。

指定できる主な値を表に示します（すべての値は http://www.w3.org/TR/css3-lists/ にあります）。

表3.72　list-style-typeで指定できる主な値

プロパティ値	説明
inherit	親要素の値を継承する。
initial	既定値（・）。
none	表示しない。
disc	黒丸（●）。
circle	白丸（○）。
square	黒四角（■）。
box	白四角（□）。
check	チェックマーク（✓）。
diamond	ダイヤモンドマーク（◆）。
dash	ダッシュ（-）。
decimal	数字（1、2、3、...）。
decimal-leading-zero	0付き数字（01、02、03、...）。
cjk-ideographic	漢数字（一、二、三、...）
upper-roman	大文字ローマ数字（I、II、III、...）。
lower-roman	小文字ローマ数字（i、ii、iii、...）。
upper-alpha	大文字アルファベット（A、B、C、...）。
lower-alpha	小文字アルファベット（a、b、c、...）。
upper-latin	大文字ラテン文字（A、B、C、...）。
lower-latin	小文字ラテン文字（a、b、c、...）。
upper-greek	大文字ギリシャ文字（A、B、Γ、...）
lower-greek	小文字ギリシャ文字（α、β、γ、...）。
hiragana	ひらがな（あ、い、う、...）
katakana	カタカナ（ア、イ、ウ、...）。
hiragana-iroha	ひらがな-いろは（い、ろ、は、...）。
katakana-iroha	カタカナ-イロハ（イ、ロ、ハ、...）。
japanese-formal	日本の公式漢数字（壱、弐、参、...）。

プロパティ値	説明
japanese-informal	日本の非公式漢数字（一、二、三、...）。
circled-decimal	丸数字（①、②、③、...）。
dotted-decimal	ドット付き数字（1.、2.、3.、...）。
parenthesized-decimal	括弧付き数字（(1)、(2)、(3)、...）。

次の例は、list-style-type に decimal を指定する例です。

```
<div>
  <ul style="list-style-type:decimal;">
    <li>わんこ</li>
    <li>にゃんこ</li>
    <li>はとぽっぽ</li>
  </ul>
</div>
```

【実行結果】list-style-type

1. わんこ
2. にゃんこ
3. はとぽっぽ

リストのマーカーの配置を指定する　　list-style-position

リストのマーカーを表示する位置を指定します。
list-style-position で指定できる値を表に示します。

表3.73　list-style-positionで指定できる値

プロパティ値	説明
inherit	親要素の値を継承する。
initial	既定値（outside）。
outside	マーカーはブロックボックスの外側に配置される。
inside	マーカーをブロックボックスの内側に配置に配置する。
hanging	inside と同じ。ただし、マーカーの領域の大きさが同一に揃えられる。

次の例は、2種類の方法で list-style-position を指定する例です。

```html
<div>
  <ul style="list-style-position:inside;">
    <li>わんこ</li>
    <li>にゃんこ</li>
    <li>はとぽっぽ</li>
  </ul>
</div>
  <div>
  <ul style="list-style-position:hanging">
    <li>わんこ</li>
    <li>にゃんこ</li>
    <li>はとぽっぽ</li>
  </ul>
</div>
```

【実行結果】list-style-position

- わんこ
- にゃんこ
- はとぽっぽ

- わんこ
- にゃんこ
- はとぽっぽ

コンテンツ

コンテンツを挿入する　　　content

内容（コンテンツ）を挿入します。
content で指定できる値を表に示します。

表3.74　contentで指定できる値

プロパティ値	説明
inherit	親要素の値を継承する。
initial	既定値。
URL	挿入したいコンテンツ(イメージファイルなど)のURLを指定する。
normal	なにも挿入しない。
none	なにも挿入しない。

プロパティ値	説明
inhibit	要素が空要素であるかのように挿入を抑止する。
文字列	指定した文字列を挿入する。
counter(...)	カウンタを挿入する。
attr(...)	属性値を挿入する。
open-quote	開き引用符を挿入する。
close-quote	閉じ引用符を挿入する。
no-open-quote	何も挿入しない。引用符のネストが一段深くなる。
no-close-quote	何も挿入しない。引用符のネストが一段浅くなる。

「カウンタの値をインクリメントする（counter-increment）」参照。

次の例は、content を使って div 要素のあとにイメージを挿入するように指定する例です。

```
<head>
  <style >
    .content-aftr:after {
      content: url("./sect.jpg");
    }
  </style>
</head>
<body>
  <div class="content-aftr">ありゃま。</div>
</body>
```

カウンタの値をインクリメントする　　counter-increment

content の count(...) で挿入するカウンタをカウントアップします。

counter-increment で指定できる値を表に示します。

表3.75　counter-incrementで指定できる値

プロパティ値	説明
inherit	親要素の値を継承する。
initial	既定値。
ID	chapter、section、subsection など任意のカウンタ名を指定する。
整数値	増分を指定する。省略すると1だけインクリメントする。

プロパティ値	説明
none	インクリメントしない。

次の例は、counter-increment を指定する例です。

```html
<!DOCTYPE html>

<html lang="ja" xmlns="http://www.w3.org/1999/xhtml">
<head>
  <meta charset="utf-8" />
  <title>counterサンプル</title>
  <style >
    h1 {
    counter-increment: chapter;
    counter-reset: section;
    }
    h1:before {
      content: counter(chapter) ". ";
    }
    h2 {
      counter-increment: section;
      counter-reset: subsection;
    }
    h2:before {
      content: counter(chapter) "." counter(section) " ";
    }
  </style>

</head>
<body style="counter-reset: chapter">
  <h1>HTML5の概要と基礎</h1>
  <h2>HTMLについて</h2>
  <h2>HTMLの基本構造</h2>
  <h2>HTMLの基礎知識</h2>

  <h1>JavaScript</h1>
  <h2>JavaScriptについて</h2>
  <h2>JavaScriptの基本的な要素</h2>
  <h2>制御構造</h2>
  <h2>演算</h2>
</body>
```

【実行結果】counter-increment、counter-reset

1. HTML5の概要と基礎

1.1 HTMLについて

1.2 HTMLの基本構造

1.3 HTMLの基礎知識

2. JavaScript

2.1 JavaScriptについて

2.2 JavaScriptの基本的な要素

2.3 制御構造

2.4 演算

カウンタの値をリセットする　　　　　　　　　　counter-reset

content の count(...) で挿入するカウンタの値をリセットします。counter-reset で指定できる値を表に示します。

表3.76　counter-resetで指定できる値

プロパティ値	説明
inherit	親要素の値を継承する。
initial	既定値。
ID	カウンタ名を指定する。
整数値	リセット値を指定する。省略すると0にリセットされる。
none	カウンタは変更されない。

「カウンタの値をインクリメントする (counter-increment)」参照。

引用符を設定する　　　　　　　　　　　　　　　quotes

q 要素の前後に挿入される引用符を指定します。

ここで指定された開始引用符は open-quote で、終了引用符は close-quote で参照されます。

quotes で指定できる値を表に示します。

表3.77　quotesで指定できる値

プロパティ値	説明
inherit	親要素の値を継承する。
initial	既定値。
none	引用符を表示しない。
文字	開始引用符を指定する。
文字	終了引用符を指定する。

次の例は、2組の quotes を指定する例です。

```
<head>
  <meta charset="utf-8" />
  <title>quotesサンプル</title>
  <style >
    q { quotes: " 「 " " 」 " " 『 " " 』 "; }
    q:before { content: open-quote; }
    q:after  { content: close-quote; }
  </style>
</head>
<body>
  <p>
    <q>あなたのパンツは<q>ビキニ</q>ですかぁ？</q>だってさ。
  </p>
</body>
```

【実行結果】quotes

「あなたのパンツは『ビキニ』ですかぁ？」だってさ。

アウトラインの設定を指定する　　　outline

リンクやフォーム部品に表示される枠線（アウトライン）に関する設定（スタイル、太さ、色）をまとめて指定できます。これは、表の「単独プロパティ」の

値を必要なだけ一度に指定したいときに使うことができます。

outlineで指定できる値を表に示します。

表3.78　outlineで指定できる内容と単独プロパティ

プロパティ値	説明	単独プロパティ
inherit	親要素の値を継承する。	
initial	既定値。	
カラー値	アウトラインの色を指定する。	outline-color
スタイル	アウトラインのスタイルを指定する。	outline-style
値	アウトラインの太さを指定する。	outline-width

「ボーダーの設定を指定する（border）」参照。

次の例は、outlineにさまざまな値を指定する例です。

```
<div>住所：
  <input type="text" style="outline:gray solid; width:16em;" />
</div><br />
<div>氏名：
  <input type="text" style="outline:dashed red; width:16em;" />
</div><br />
<div>E-Mail：
  <input type="text" style="outline:thick blue; width:30em;" />
</div><br />
```

【実行結果】outline

住所：

氏名：

E-Mail：

アウトラインの色を指定する　　　　　　　outline-color

リンクやフォーム部品に表示される枠線（アウトライン）の色を指定します。
outline-colorで指定できる値を表に示します。

表3.79 outline-colorで指定できる値

プロパティ値	説明
inherit	親要素の値を継承する。
initial	既定値。
カラー値	カラーの値または名前。

次の例は、input要素のoutline-colorにgrayを指定する例です。

```
<div>住所:
  <input type="text" style="outline-color:gray; width:16em;" />
</div>
```

アウトラインのスタイルを指定する　　outline-style

リンクやフォーム部品に表示される枠線（アウトライン）のスタイルを指定します。

outline-styleで指定できる値を表に示します。

表3.80 outline-styleで指定できる値

プロパティ値	説明
inherit	親要素の値を継承する。
initial	既定値。
none	線を表示しない。他のセルの線と重なる場合は、他のセル線が優先される。
hidden	線を表示しない。他のセルの線と重なる場合は、hiddenが優先される。
dotted	点線で表示する。
dashed	破線で表示する。
solid	実線で表示する。
double	二重線で表示する。
groove	線が窪んで見えるような線で表示する。
ridge	線が突起して見えるような線で表示する。
inset	領域全体が窪んで見えるような線で表示する。
outset	領域全体が突起して見えるような線で表示する。

次の例は、input要素のoutline-styleにdashedを指定する例です。

```
<div>氏名：
  <input type="text" style="outline-style:dashed; width:16em;" />
</div><br />
```

アウトラインの太さを指定する　　　　outline-width

リンクやフォーム部品に表示される枠線（アウトライン）の太さを指定します。outline-width で指定できる値を表に示します。

表3.81　outline-widthで指定できる値

プロパティ値	説明
inherit	親要素の値を継承する。
initial	既定値。
値	幅を指定する数値。

次の例は、input 要素の outline-width に thick を指定する例です。

```
<div>E-Mail：
  <input type="text" style="outline-width:thick; width:30em;" />
</div>
```

印刷

改ページ時の前ページの最低行数を指定する　　　　orphans

印刷の際に、ページの下部の段落に最低限印字すべき行数を指定します。
ページ上部の段落の最低限印字行数を指定する widows も参照してください。
orphans で指定できる値を表に示します。

表3.82　orphansで指定できる値

プロパティ値	説明
inherit	親要素の値を継承する。
initial	既定値。
値	行数を整数値で指定する。

次の例は、ページの改ページ前に最低でも 4 行印刷することを orphans で指定する例です。

```
<body style="orphans: 4">
```

改ページ時の次ページの最低行数を指定する　　　widows

印刷の際に、ページの上部の段落に最低限印字すべき行数を指定します。
ページ下部の段落の最低限印字行数を指定する orpans も参照してください。
widows で指定できる値を表に示します。

表3.83　widowsで指定できる値

プロパティ値	説明
inherit	親要素の値を継承する。
initial	既定値。
値	行数を整数値で指定する。

次の例は、ページの改ページ際に次ページに最低でも 4 行印刷することを windows で指定する例です。

```
<body style="windows: 4">
```

適用するページボックス名を指定する　　　page

適用するページボックス名を指定します。
page で指定できる値を表に示します。

表3.84　pageで指定できる値

プロパティ値	説明
inherit	親要素の値を継承する。
initial	既定値。
auto	自動設定する。
ID	@page で定義した名前を参照する。

印刷時の改ページ位置を指定する　　page-break-after

印刷時の改ページ位置を指定します。

page-break-after で指定できる値を表に示します。

表3.85　page-break-afterで指定できる値

プロパティ値	説明
inherit	親要素の値を継承する。
initial	既定値。
auto	自動的に改ページする。
always	この要素の位置で常に改ページする。
avoid	改ページしない。
left	次ページが左ページになるように改ページする。
right	次ページが右ページになるように改ページする。

次の例は、p 要素に page-break-after を指定する例です。

```
<p style="page-break-after:auto;">
  <!-- 長い長い段落 -->
</p>
```

印刷時の改ページ位置を指定する　　page-break-before

印刷時の改ページ位置を指定します。

page-break-before で指定できる値を表に示します。

表3.86　page-break-beforeで指定できる値

プロパティ値	説明
inherit	親要素の値を継承する。
initial	既定値。
auto	自動的に改ページする。
always	この要素の位置で常に改ページする。
avoid	改ページしない。
left	次ページが左ページになるように改ページする。
right	次ページが右ページになるように改ページする。

次の例は、p要素にpage-break-beforeを指定する例です。

```
<p style="page-break-before:always;">
  <!-- 長い長い段落 -->
</p>
```

印刷時の要素内での改ページを指定する　　page-break-inside

印刷時の要素内での改ページを行うかどうかを指定します。avoidを指定することで要素内の改ページを避けることができます。

page-break-insideで指定できる値を表に示します。

表3.87　page-break-insideで指定できる値

プロパティ値	説明
inherit	親要素の値を継承する。
initial	既定値。
auto	自動的に改ページする。
avoid	改ページしない。

次の例は、p要素にpage-break-insideを指定する例です。

```
<p style="page-break-inside:auto;">
  <!-- 長い長い段落 -->
</p>
```

音声

音声に関して指定可能な値は執筆時点では未確定です。

読み上げ方法を指定する　　speak

音声ユーザエージェントで読み上げるときの読み上げ方法を指定します。
speakで指定できる値を表に示します。

表3.88 speakで指定できる値

プロパティ値	説明
inherit	親要素の値を継承する。
initial	既定値。
none	読まない。
normal	通常の方法で読む（既定値）
spell-out	テキストのスペルを1文字ずつ読む。

読み上げる方法を指定する　　　　　　　　speak-as

音声ユーザエージェントで読み上げるときの読み上げ方法を指定します。
speak-as で指定できる値を表に示します。

表3.89 speak-asで指定できる値

プロパティ値	説明
inherit	親要素の値を継承する。
initial	既定値。
none	読まない。
normal	通常の方法で読む（既定値）
spell-out	テキストのスペルを1文字ずつ読む。
digits	1桁ずつ読む（31は、サン、イチ）。
literal-punctation	セミコロンやコロンを読む。
no-punctation	セミコロンやコロンを読まない。一時停止もしない。

音声源の水平方向の角度を指定する　　　　　　azimuth

音声ユーザエージェントで読み上げるときの音声が聞こえてくる水平角度（方向）を指定します。
azimuth で指定できる値を表に示します。

表3.90 azimuthで指定できる値

プロパティ値	説明
inherit	親要素の値を継承する。
initial	既定値。

プロパティ値	説明
値	音源の方向を −360deg 〜 360deg の角度で指定する。
left-side	−90°。
far-left	−60°。
left	−40°。
center-left	−20°。
center	0°（既定値）。
center-right	20°。
right	40°。
far-right	60°。
right-side	90°。

音声源の垂直方向の角度を指定する　　elevation

音声ユーザエージェントで読み上げるときの音声が聞こえてくる垂直角度（高さ）を指定します。

azimuth が水平方向の角度を指定するのに対し、elevation は垂直方向の角度を指定します。

elevation で指定できる値を表に示します。

表3.91　elevationで指定できる値

プロパティ値	説明
inherit	親要素の値を継承する。
initial	既定値。
below	−90°。
level	0°。
above	90°。
higher	現在より +10°。
lower	現在より −10°。
値	角度の値を指定する（−90°〜 90°）。

声の種類を指定する　　　　　　　　　　voice-family

音声ユーザエージェントで声の種類を指定します。
voice-family で指定できる値を表に示します。

表3.92　voice-familyで指定できる値

プロパティ値	説明
inherit	親要素の値を継承する。
initial	既定値。
male	男声。
female	女声。
child	子供の声。
任意	音声ユーザエージェントがサポートする他の声。

音量を指定する　　　　　　　　　　　　voice-volume

音声ユーザエージェントで読み上げるときの音量（ボリューム）を指定します。
voice-volume で指定できる値を表に示します。

表3.93　voice-volumeで指定できる値

プロパティ値	説明
inherit	親要素の値を継承する。
initial	既定値。
値	音量を指定する（0 〜 100）。
値	音量をパーセントで指定する。
silent	無音。
x-soft	音量のレベル 0。
soft	音量のレベル 25。
medium	音量のレベル 50（既定値）。
loud	音量のレベル 75。
x-loud	音量のレベル 100。

要素の前後の合図音を指定する　　　　　　　　　cue

音声ユーザエージェントで読み上げるときの要素の前後の合図音（サウンドアイコン）に関する cue-after と cue-before の設定を一度に指定できます。

cue で指定できる値を表に示します。

表3.94　cueで指定できる値

プロパティ値	説明
inherit	親要素の値を継承する。
initial	既定値。
URL	読み上げる音声ファイルなどの URL。
none	読み上げない。
silent	無音。
x-soft	音量のレベル 0。
soft	音量のレベル 25。
medium	音量のレベル 50（既定値）。
loud	音量のレベル 75。
x-loud	音量のレベル 100。
値	読み上げる音量を db（デシベル）で指定する。

次の例は、音声アイコンとして cue に ding.wav を指定する例です。

```
<h1 style="cue:url(ding.wav) -3dB;">見出しだよ</h1>
```

要素の後の合図音を指定する　　　　　　　　　cue-after

音声ユーザエージェントで読み上げるときの要素のあとの合図音（サウンドアイコン）を指定します。

「要素の前後の合図音を指定する（cue）」参照。

要素の前の合図音を指定する　　　　　　　　　cue-before

音声ユーザエージェントで読み上げるときの要素の前の合図音（サウンドアイコン）を指定します。

「要素の前後の合図音を指定する（cue）」参照。

要素の前後の音声の一時停止時間を指定する　　pause

音声ユーザエージェントで読み上げるときの要素の前後の音声の一時停止の時間をまとめて指定します。

pauseの引数がひとつのときは、前後の一時停止の時間を指定します。

「要素の後の音声の一時停止を指定する（pause-after）」、「要素の前の音声の一時停止を指定する（pause-before）」参照。

pauseで指定できる値を表に示します。

表3.95　pauseで指定できる値

プロパティ値	説明
inherit	親要素の値を継承する。
initial	既定値。
1s	1秒。
100ms	100ミリ秒。
100%	平均的な1単語に要する時間。

要素の後の音声の一時停止を指定する　　pause-after

音声ユーザエージェントで読み上げるときの要素の後の音声の一時停止の時間を指定します。

「要素の前後の音声の一時停止時間を指定する（pause）」参照。

要素の前の音声の一時停止を指定する　　pause-before

音声ユーザエージェントで読み上げるときの要素の前の音声の一時停止の時間を指定します。

「要素の前後の音声の一時停止時間を指定する（pause）」参照。

音声のピッチを指定する　　　　　　　　　　　　　pitch

音声ユーザエージェントで読み上げるときの音声のピッチ（高低）を指定します。

pitchで指定できる値を表に示します。

表3.96　pitchで指定できる値

プロパティ値	説明
inherit	親要素の値を継承する。
initial	既定値。
値	音声のピッチ（420Hz、1kHzなど）。
x-low	低い。
low	低め。
medium	普通。
high	高め。
x-high	高い。

音声のピッチの範囲を指定する　　　　　　　　pitch-range

音声ユーザエージェントで読み上げるときの音声のピッチ（高低）の幅を指定します。

pitch-rangeで指定できる値を表に示します。

表3.97　pitch-rangeで指定できる値

プロパティ値	説明
inherit	親要素の値を継承する。
initial	既定値。
値	音声のピッチ（高低）の幅を指定する。

音声の豊かさを指定する　　　　　　　　　　　richness

音声ユーザエージェントで読み上げるときの音声の豊かさを0～100の間の値で指定します。値が低いほどソフトな音声になります。

読み上げる速さを指定する　　speek-rate

音声ユーザエージェントで読み上げるときの読み上げる速さを指定します。
speech-rate で指定できる値を表に示します。

表3.98　speech-rateで指定できる値

プロパティ値	説明
inherit	親要素の値を継承する。
initial	既定値。
x-slow	1分間に読み上げる語数を 80 語にする。
slow	1分間に読み上げる語数を 120 語にする。
medium	1分間に読み上げる語数を 180 ～ 200 語にする。
fast	1分間に読み上げる語数を 300 語にする。
x-fast	1分間に読み上げる語数を 500 語にする。
faster	1分間に読み上げる語数を現在より +40 語にする。
slower	1分間に読み上げる語数を現在より -40 語にする。
数値	1分間に読み上げる語数を指定する。

アクセントの強弱を指定する　　stress

音声ユーザエージェントで読み上げるときのアクセントの強弱を指定します。
言語によって効果が異なります。
stress で指定できる値を表に示します。

表3.99　stressで指定できる値

プロパティ値	説明
inherit	親要素の値を継承する。
initial	既定値。
値	声の抑揚を 0 ～ 100 の数値で指定する。

その他

カーソルの形状を指定する　　　　　　　　　　　　cursor

カーソルの形状を指定します。
cursor に指定できる値を表に示します。

表3.100　cursorで指定できる値

プロパティ値	説明
inherit	親要素の値を継承する。
initial	既定値。
URL	カーソルの画像ファイルを URL で指定する。
値1 値2	画像を表示する際の横方向、縦方向のオフセット値を指定する。
カーソルの形状の値	カーソル形状を指定する。表 3.101 参照。

表3.101　カーソルの形状

カーソル形状	説明
auto	コンテキストに基づいて自動決定される。
default	そのプラットフォームにおけるデフォルトのカーソル。
none	カーソルを表示しない。
context-menu	コンテキストメニュー。
help	ヘルプカーソル。
pointer	リンクポインタ。
progress	実行中カーソル。
wait	待機状態カーソル。
cell	セル選択カーソル。
crosshair	十字線カーソル。
text	テキスト選択カーソル。
vertical-text	縦書きテキスト選択カーソル。
alias	エイリアス作成カーソル。
copy	コピーカーソル。
move	移動カーソル。
no-drop	ドロップ禁止カーソル。
not-allowed	禁止カーソル。
e-resize	東（右）方向リサイズカーソル。

カーソル形状	説明
n-resize	北（上）方向リサイズカーソル。
ne-resize	北東（右上）方向リサイズカーソル。
nw-resize	北西（左上）方向リサイズカーソル。
s-resize	南（下）方向リサイズカーソル。
se-resize	南東（右下）方向リサイズカーソル。
sw-resize	南西（左下）方向リサイズカーソル。
w-resize	西（左）方向リサイズカーソル。
ew-resize	東西（左右）方向リサイズカーソル。
ns-resize	南北（上下）方向リサイズカーソル。
nesw-resize	北東（右上）-南西（左下）方向リサイズカーソル。
nwse-resize	北西（左上）-南東（右下）方向リサイズカーソル。
col-resize	カラムを左右にリサイズする際のカーソル。
row-resize	カラムを上下にリサイズする際のカーソル。
all-scroll	任意の方向にスクロールする際のカーソル。
zoom-in	ズームインカーソル。
zoom-out	ズームアウトカーソル。

次の例は、cursorに値を指定する例です。

```
<body style="cursor: help">
```

要素の表示／非表示を指定する　　　visibility

要素を表示したり表示しないことを指定します。

hiddenを指定すると要素は表示されませんが、要素の範囲は確保されたままになります。要素の領域にほかの要素を表示したい場合はdisplay: noneを指定してください。

visibilityで指定できる値を表に示します。

表3.102　visibilityで指定できる値

プロパティ値	説明
inherit	親要素の値を継承する。
initial	既定値。

3.9 CSSのプロパティ

プロパティ値	説明
visible	表示する。
hidden	非表示にする。領域は確保されままになる。
collapse	テーブルの行 (tr)、行グループ (thead、tbody、tfoor)、列 (col)、列グループ (colgroup) を非表示にし、折り畳む。これらの以外の要素に適用した場合は hidden と同じ。

次の例は、type="checkbox" の input 要素を使って、type="text" である別の input 要素の visibility を変更する例です。

```
<input type="checkbox"
  onclick="document.getElementById('mail1').style.visibility
    = this.checked ? 'visible' : 'hidden';" />
E-Mailを変更する
<div id="mail1" style="visibility:hidden">
  E-Mail：<input type="text" />
</div>
```

【実行結果】isibility

☑ E-Mailを変更する
E-Mail:

☐ E-Mailを変更する

MEMO

CSS

MEMO

第4章

ドキュメントとページ

ここでは、HTMLドキュメントとページを構成する要素について解説します。

4.1 ドキュメント

ここでは、HTML ドキュメント全体に関することを解説します。

HTML 文書であることを表す　　　　　　　　　　　　　　　　html

html 要素は、HTML 文書のルート要素です。ルート要素は 1 個でなければならず、かつ、1 個必要です。つまり、すべての独立した HTML ドキュメントは必ず html 要素が 1 個だけなければなりません（埋め込まれる断片や、CSS と JavaScript のソースには html 要素は使いません）。

典型的な html 要素とその内容は次のようになります。

```
<!DOCTYPE html>

<html lang="ja" xmlns="http://www.w3.org/1999/xhtml">
  <head>
    <!-- HTMLのヘッド -->
  </head>
  <body>
    <!-- HTMLのボディ（本体） -->
  </body>
</html>
```

タイトルを指定する　　　　　　　　　　　　　　　　　　　　title

ドキュメントのタイトルを指定するときには、title 要素を使います。

```
<title>ページタイトル</title>
```

タイトルが必ずユーザーエージェントに表示されるという保証はありません。

文書に関する情報を指定する　　　　　　　　　　　　　meta

meta要素は、その文書に関するメタデータを指定するときに使います。

メタデータは、情報についての情報のことで、通常は他のhtml要素では記述できない情報です。

meta要素はhead要素の中に指定します。具体的な例は、このあとの説明を参照してください。

```
<html>
  <head>
    <meta http-equiv="Content-Type" content="text/html; charset=utf-8" />
    <meta http-equiv="Refresh" content="3" />
         :
  </head>
```

> **Note** metaのような空の要素は、HTML5では/>で終わらなければなりません。

ドキュメントの種類を指定する　　　　　　　　　　　　meta

HTMLドキュメントの内容の種類は、meta要素を使い、このhttp-equiv属性の値として"Content-Type"を指定します。

次の例は、テキストのHTMLであり、エンコードがUTF-8であるときの例です。

```
<meta http-equiv="Content-Type" content="text/html; charset=utf-8" />
```

ドキュメントを読み込む　　　　　　　　　　　　　　　meta

他のHTMLドキュメントを読み込んだり、現在のページを再読み込み（リロード）したいときには、meta要素を使い、このhttp-equiv属性の値として"Refresh"を指定します。読み込むまでの時間はcontentで、読み込むURLはcontentの二つの目の値として指定することができます。

次の例は、3秒後に同じドキュメントを読み込む例です。

```
<meta http-equiv="Refresh" content="3" />
```

次の例は、3秒後に同じディレクトリにある sample.html という名前の別の HTML ドキュメントを読み込む例です。

```
<meta http-equiv="Refresh" content="3;URL=sample.html" />
```

> **Note** object 要素を使って他の HTML を埋め込むことができます。「外部リソースを埋め込む（object）」参照。

スタイルシートを記述する　　　　　　　　　　　style

style 要素は、CSS でスタイル情報を記述するために使います。
詳しくは「第 3 章　CSS」を参照してください。

スクリプトを記述する　　　　　　　　　　　　script

script 要素は HTML ドキュメントにスクリプトを記述するときに使います。スクリプトの種類は、type 属性で指定し、text/javascript、text/ecmascript、text/html、text/template、text/vbcsript、text/x-handlebars、text/x-handlebars-template、text/x-jquery-tmpl、text/x-jsrender などを指定することができます。

HTML5 の能力を完全に使うためには JavaScript の使用は必須なので、一般的には、script 要素は JavaScript のコードを記述するときに使われ、type 属性を指定しない場合は JavaScript であるとみなされます。

JavaScript については、「第 2 章　JavaScript」を参照してください。

スクリプトを使えない場合に対処する　　　　　　noscript

noscript 要素はスクリプトが使用できない状況に対処するための HTML 要

素をを記述するときに使います。

HTML5 の能力を完全に使うためには JavaScript の使用は必須なので、以前のバージョンの HTML にあったスクリプトが機能しない場合に対処するための <noscript> タグは以下の状況では使えません。

- DOCTYPE 宣言（<!DOCTYPE html>）ではなく、XML 宣言（<?xml version="1.0"?>）した場合。
- xhtml 属性に XHTML の名前空間を指定（<html lang="ja" xmlns="http://www.w3.org/1999/xhtml">）した場合

ベース URL を指定する　　　　　　　　　　　　　　　base

base 要素を使うことで、相対 URL を解決するためにドキュメントのベース URL を指定したり、ハイパーリンクをたどるためにデフォルトの URL を指定することができます。

base 要素は 1 個の HTML ドキュメントにつき 1 回しか記述できません。また、base 要素には、href 属性か target 属性のいずれか、またはその両方を指定しなければなりません。

リンクする外部リソースを指定する　　　　　　　　　　link

link 要素は、ドキュメントに他のリソースをリンクするときに使います。link 要素には rel 属性が必須です。rel 属性は関係性を表し、表に示す値があります。

表4.1　rel属性の値

属性値	説明
stylesheet	スタイルシートを指定する。
icon	サイトのアイコンを指定する。
alternate	代替のものを指定する。
archives	アーカイブを指定する。
author	文書製作者のサイトを指定する。
first	サイトの最初のページを指定する。

属性値	説明
last	サイトの最後のページを指定する。
prev	サイトの前のページを指定する。
next	サイトの次のページを指定する。
up	サイトの階層の中で上のページを指定する。
license	著作権の確保をしているライセンスを指定する。
pingback	ping を受け取るサーバを指定する。
search	検索ページを指定する。
sidebar	ブラウザのサイドバーに表示する外部リソースを指定する。

次の例は、スタイルシートをリンクする例です。

```
<link href="sample.css" rel="stylesheet" />
```

次の例は、代替用に英語版のドキュメントがある場合に、その場所を指定する例です。

```
<link rel="alternate" hreflang="en" href="http://en.example.com/" />
```

次の例は、「次の」ページとして part2.html を指定する例です。

```
<link rel="next" href="./part2.html">.
```

ドキュメントをクリアする　　　　　element.innerHTML

表示されている内容をすべて消すには、body 要素の innerHTML に空文字列 ("") を設定します。

この方法では表示が消えるだけなので、Web ブラウザなどの再表示コマンド（[表示] − [最新の情報に更新] や [更新] など）を使うと、もとの表示状態に戻ります。

[クリア] ボタンをクリックすると、表示がすべて消える HTML の例を次に示します。

```
<body id="doc">
```

```
  <p>いろんなテキスト</p>
  <p>
    <input type="button" value="クリア" onclick="clicked()" />
    <script type="text/javascript">
    <!--
    function clicked() {
      document.getElementById("doc").innerHTML = "";
    }
    // -->
    </script>
  </p>
  <p>まだテキストが続きます。</p>
</body>
```

ウィンドウを閉じる　　　　　　　　　　　window.close()

HTMLドキュメントが表示されているウィンドウを閉じるときには、windowオブジェクトのclose()メソッドを使います。

ユーザーエージェントによっては、閉じる前に自動的に確認のメッセージボックスなどが表示されます。

［閉じる］ボタンをクリックするとウィンドウが閉じるJavaScriptのコード例を次に示します。

```
<input type="button" value="閉じる" onclick="clicked()" />
<script type="text/javascript">
<!--
function clicked() {
  window.close();
}
// -->
</script>
```

MEMO

ドキュメントとページ

4.2 内容の要素

ここでは、HTML ドキュメントに表示する内容として頻繁に使われる要素について説明します。

文字や文字列に関することは「第 5 章 文字と文」で、イメージなどのグラフィックスについては「第 6 章 グラフィックス」で、ビデオの表示については「第 7 章 オーディオとビデオ」で解説します。

文書の本体を表す　　　　　　　　　　　　　　　　　　　　　body

body 要素は、HTML ドキュメントの本体を表します。表示すべきコンテンツのある HTML ドキュメントには body 要素が必要で、コンテンツは body 要素の子要素として <body> と </body> の間に記述します。

HTML5 では、frame は使わなくなり、また form も body 要素の中に記述することになったので、コンテンツとして form を記述するときには必ず body 要素の中に記述します。

ページのヘッダーを表示する　　　　　　　　　　　　　　　　header

header 要素は、ページの上部に表示されるヘッダーを表します。html 要素の直接の子要素でドキュメントのヘッドを表す head 要素とは異なる点に注意してください。header 要素はページのヘッダーです。

header 要素には、テーブル（表）やリスト、イメージなどを含めて、body 要素に記述できるほとんどの要素を記述することができます。

次の例は、header 要素の中に hgroup とリンクを表示する例です。

```
<header>
  <div style="text-align: center;">
  <hgroup>
    <h1>HTML5のheaderのサンプル</h1>
    <h2>さあ、どんどんやってみよう。</h2>
  </hgroup>
    <a href="./index.html">Index</a>
```

190

```
            <a href="./fish/index.html">お魚</a>
            <a href="./meet/index.html">お肉</a>
            <a href="./vegetables/index.html">お野菜</a>
        </div>
    </header>
```

【実行結果】header、hgroup

HTML5のheaderのサンプル

さあ、どんどんやってみよう。

Index お魚 お肉 お野菜

ヘッダーの見出しをグループ化する　　　　hgroup

hgroup要素は、セクションの見出し、小見出しなどをまとめてたヘッダーを表します。

hgroup要素の中に記述できる要素は、原則としてhn要素だけです。

「ページのヘッダーを記述する（header）」参照。

ページのフッターを表示する　　　　footer

footer要素は、ページの下部に表示されるフッターです。通常は小さい文字で、Web製作者、著作権情報などの情報を入れることができます。

フッターに記載する連絡先などには、address要素を使うのが適切です。

次の例は、p要素とaddress要素を持つfooter要素の例です（この例ではあえてmailtoを使っていません）。

```
<footer style=" color:navy; font-size:0.8em; text-align:center;">
  <p>HTML5で行こう！広報委員会製作</p>
  <address>めーるは<a href="./mail2me.html">こちら</a>へ</address>
</footer>
```

【実行結果】footer

```
HTML5で行こう！広報委員会製作
       めーるはこちらへ
```

セクションを表示する　　　　　　　　　　　section

section 要素は、本にたとえると、章や、章のセクションのようなあるまとまったものです。ひとつの section 要素には複数の article 要素を記述することができます。

次の例は、見出しと段落を持つ article 要素を section 要素の中に記述した例です。

```
<section>
  <article>
    <h1>アーティクル1</h1>
    <p>アーティクル1の本文です。</p>
    <h2>アーティクル1のサブ見出し</h2>
    <p>アーティクル1の2個目のパラグラフです。</p>
  </article>
  <article>
    <h1>アーティクル2</h1>
    <p>アーティクル2の本文です。</p>
    <p>アーティクル2の2個目のパラグラフです。</p>
  </article>
</section>
```

アーティクルを表示する　　　　　　　　　　　article

article 要素は、通常は section 要素の中のひとまとまりの内容を含む単独で成り立つコンテンツを表します。

一般的には、article 要素は個々の記事や文章などです。リストや図表なども含まれます。

ひとつの section 要素の中に複数の article 要素を記述することができます。

次の例は、見出しと段落を持つ article 要素の例です。

```
<article>
  <h1>アーティクル</h1>
  <p>アーティクルの本文です。</p>
  <h2>アーティクルのサブ見出し</h2>
  <p>アーティクルの2個目のパラグラフです。</p>
</article>
```

ナビゲーションリンクを表示する　　　　　　　　　　　　nav

nav 要素は、ページのナビゲーションリンクを伴うセクションを表します。ナビゲーションリンクは、他のページやそのページ内の部分へのリンクを提供するセクションです。同じページのマーク付けは、当該要素の id 属性を使います。

次の例は、リストを使った nav 要素の例です。

```
<nav>
  <h3>サイト内ご案内</h3>
  <ul>
    <li><a href="#classic">クラシック音楽</a></li>    <!-- 同じページ -->
    <li><a href="#jazz">ジャズ</a></li>
    <li><a href="./inst/index.html">楽器</a></li>    <!-- 他のページ -->
    <li><a href="./compose/index.html">作曲</a></li>
    <li><a href="./concert/index.html">演奏会情報</a></li>
    <li><a href="./misc/index.html">関連情報</a></li>
  </ul>
</nav>

    :

<p id="classic">クラシック音楽の魅力は、...</p>

    :

<p id="jazz">ジャズの名曲は、...kura</p>
```

そのページと関連性が薄いコンテンツを表す　　　　　　　　　aside

aside 要素は、コンテンツには関係しているものの、本題とは少し離れた補足的な内容のセクションを表します。

次の例は、医学のある領域の解説のページの中で、aside 要素を使って ADHD についての簡単な解説を記述した例です。

```
<aside>
 <h1>ADHD</h1>
 <p>ADHDは、医学的にも多くの疑問が出されていて、診断基準も治療ガイドラインも、そして、病名さえ、
 たびたび変更されています。なぜなら、ADHDについて、実際にはまだよくわかっていないからです。
 </p>
</aside>
```

見出しを表示する　　　　　　　　　　　　　　　　　　　h1 ～ h6

ページの見出しには hn 要素を使います。h1、h2、h3、h4、h5、h6 の 6 種類があり、一般的には、h のあとの数が小さくなるほど、表示される文字の大きさが小さくなります（スタイルが指定されていればそれに従います）。

次の例は、h1 要素から h6 要素までの見出しと本文テキストを表示する例です。

```
<h1>h1レベルの見出し</h1>
<h2>h2レベルの見出し</h2>
<h3>h3レベルの見出し</h3>
<h4>h4レベルの見出し</h4>
<h5>h5レベルの見出し</h5>
<h6>h6レベルの見出し</h6>
<p>通常の本文のテキスト</p>
```

MEMO

【実行結果】見出し

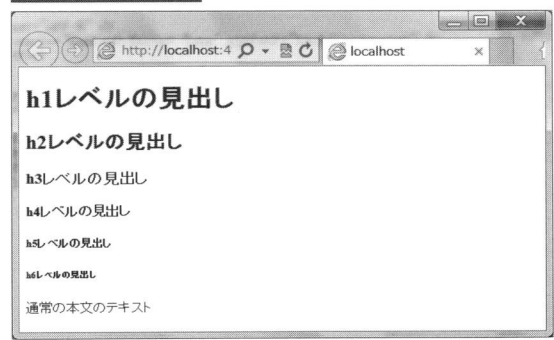

h1レベルの見出し
h2レベルの見出し
h3レベルの見出し
h4レベルの見出し
h5レベルの見出し
h6レベルの見出し

通常の本文のテキスト

　この例のように、hのあとの数値が大きい見出しほど表示される文字は小さくなり、デフォルトでは本文より小さいフォントが使われることがある点に注意する必要があります。

> **Note** h1、h2、h3、h4、h5、h6要素とsection要素を一緒に使うことで、ドキュメント構造を表すことができます。

なんでも指定する　　　　　　　　　　　　　　　　　　　　div

　div要素は、それ自身は、特別な意味を持ちません。なんらかの指定をする際などに、他の要素をひとかたまりの範囲として定義するときにも使います。あるいは、div要素は、他に適切な要素がない場合に、最後の手段の要素として利用するべき要素です。

　たとえば、文は段落としてp要素の内容として記述し、章にはsection要素を使って、ページのナビゲーションにはnav要素を使って、フォームのコントロールのグループにはfieldset要素を使って、範囲に何か指定したいときにはspan要素を使って記述するのが適切です。

　また、div要素は、一連の内容にstyle、class、lang、title属性を使って共通の設定を行いたいような場合に利用することができます。

　div要素はより大きなブロックの範囲を定義するために使います。これに対し

て、より小さい範囲を定義するときには span 要素を使います。

次の例は、div 要素で一連の内容に同じスタイルを適用する例です。この場合は、文字色をグレーに、要素を中央揃えにする例です。

```
<div style="color:gray; text-align: center;">
  <h1 style="cue:url(ding.wav);">見出しだよ</h1>
  <p>本文の最初の段落だよ。</p>
   <p>本文の2番目の段落だよ。</p>
</div>
```

水平ラインを表示する   hr

ドキュメントの途中に水平線を描くときには、hr 要素を使います。

hr 要素は、ドキュメントのアウトラインに影響を及ぼすことはありません。

単に水平線を描きたいときには、タグを <hr /> の形式で記述します。hr 要素のような要素内容のない空要素は、<hr /> のようにタグの最後が /> で終わらなければなりません。

```
<hr />
```

次の例は、水平ラインの色、幅、高さを指定する例です。

```
<hr style="color: red; width: 200px; height: 20px;" />
```

ただし、これが実際に表示される状態は、ユーザーエージェントによって異なります。

図やソースコードなどを表示する。   figure

figure 要素は、流れのあるコンテンツを表します。たとえば、挿絵、図表、写真、ソースコードなどを表示するために使うことができます。必要なら、キャプション（表題や簡潔な説明）を記述することもできます。この要素は、自己完結したものとなり、通常は、ドキュメントの主題から参照される情報を表示します。

次の例は、figure要素を使って図を表示する例です。表題にはfigcaption要素を使います。

```
<figure id="hart" style="text-align:center">
   <img src="./images/hart.jpg" alt="心臓の絵">
   <figcaption>心臓</figcaption>
 </figure>
```

【実行結果】figure、figcaption（図を表示）

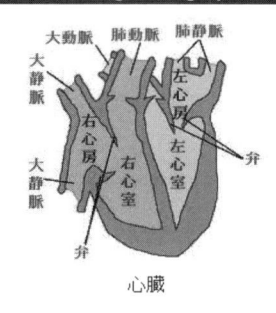

次の例は、figure要素を使ってソースコードを表示する例です。表題にはfigcaption要素を使います。

```
<p>リスト1.1 <a href="#list1-1">hello.js</a>は、典型的なJavaScriptのコード例です。
</p>

<figure id="list1-1">
   <figcaption>リスト 1.1 典型的なJavaScriptのコードの例</figcaption>
   <pre><code>
   document.write("、JavaScript。");
   d = new Date();
   document.write("今日は、", d.getDate(), "日です。");
</code></pre>
</figure>
```

【実行結果】figure、figcaption（ソースコードを表示）

リスト1.1 hello.jsは、典型的なJavaScriptのコード例です。

リスト 1.1 典型的なJavaScriptのコードの例

```
document.write("、JavaScript。");
d = new Date();
document.write("今日は、", d.getDate(), "日です。");
```

figure のキャプションを表示する　　　　　　figcaption

figure 要素の内容として表示する、挿絵、図表、写真、ソースコードなどのキャプションを表示します。

「図やソースコードなどを表示する（figure）」参照

4.3　コンテンツ

ここでは、HTML の body 要素に記述するような通常のコンテンツについて解説します。

段落を表示する　　　　　　　　　　　　　　　　　p

ひとまとまりの文章は、段落として p 要素の内容として記述するのが多くの場合に適切です。

ひとつの段落（パラグラフ）であることを表すテキストは <p></p> で囲みます。テキストの長さは任意です。長い文の場合は、HTML ドキュメントの途中で改行しても構いません。表示される際に改行するようにしたいときには、br 要素を使います。また、次の例に示すように短い文でも構いません。

```
<p>
  では、患者の評判は、どうでしょうか。<br />
  患者の評判の良い病院には、残念ながら名医はめったにいません。<br />
```

```
    なぜなら、患者の評判ほどアテにならないものはないからです。<br />
    患者の望みどおり薬を出して、患者の無駄話もよく聞いて、
    愛想がいいところは、概して評判がいいです。<br />
    そして、そういうところにかかって、
    もし誤診が原因で患者が死んじゃったとしても、
    「先生は患者の立場になって親身になてくれた、
    先生はよくやってくれた」という印象を残すので、
    さらに評判がよくなります。
</p>

<p>お昼は蕎麦でした。おいしかった。</p>
<p>明日は、フレンチレストランに行く予定です。</p>
```

改行する　　　　　　　　　　　　　　　　　　　　　　　　br

br 要素は、ドキュメントの中で改行したいときに使います。また、空行を入れて、結果として垂直方向に空白を入れたいときにも使うことができます。HTML ソースの p 要素の中のテキストで単に改行しても、表示は改行されません。

br 要素は空要素なので、必ず
 の形式で使います。HTML5 では、空要素は
</br> のように終了タグを持つことはできません。

次の例は、段落の途中で意図的に改行を入れ、また、段落間をあけるために br 要素を使った例です。

```
<p>専門医は、名医でしょうか？</p>
<p>いいえ、<span style="font-size:x-large">専門医でもヤブはヤブ</span>です。</p>
<br />
<p>専門医というのは、その専門領域でなんかしたよ、ということを
   特定の学会（たいていはみんなお友達、か、お知り合い、
   というような関係）から認定された、というだけで、
   特別に優秀である。ということを保証されたわけじゃありません。<br />
<br />
   まあ、一般的には専門医でない医者よりは
   その専門領域についてはマチガイが少ないといえる可能性は
   ありますが。<br />
   でも！ 自分の専門については詳しくても他の
   領域について知らないので誤診する、ということはじゅーぶんあり得ます。
</p>
```

ドキュメントとページ

【実行結果】br

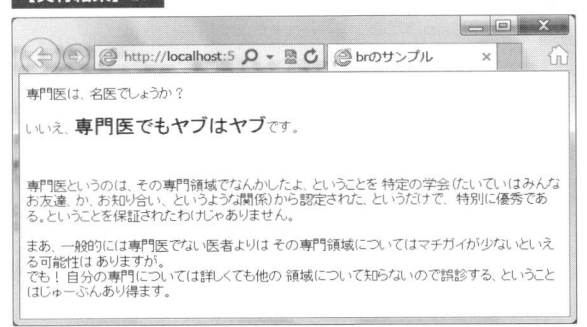

専門医は、名医でしょうか？

いいえ、**専門医でもヤブはヤブ**です。

専門医というのは、その専門領域でなんかしたよ、ということを 特定の学会(たいていはみんなお友達、か、お知り合い、というような関係)から認定された、というだけで、特別に優秀である、ということを保証されたわけじゃありません。

まあ、一般的には専門医でない医者よりは その専門領域についてはマチガイが少ないといえる可能性はありますが。
でも！自分の専門については詳しくても他の 領域について知らないので誤診する、ということはじゅーぶんあり得ます。

改行してもよい位置を表す　　　　　　　　　　　　　　　wbr

wbr 要素は改行の機会を表します。たとえば、段落の不適切な場所で改行されないように、改行してもよい場所をあらかじめ指定しておきます。wbr 要素は空要素なので、必ず <wbr /> の形式で使います。HTML5 では、空要素は <wbr></wbr> のように終了タグを持つことはできません。

次の例は、英略語の途中で改行されることを防ぐために wbr 要素を入れた例です。

```
<p>短い問診や簡単な検査で、安易に<wbr />ADHDと診断する医者は<wbr />ヤブです。
正しい診断のためには、頭部<wbr />MRIやさまざまな負荷をかけた状態で脳波を測定するなどして、
他の器質的、精神的な問題がないことを除外してゆくなど
きちんとした手順を踏まなければ、正しい診断ができるわけはありません。
</p>
```

中央揃えにする　　　　　　　　　　　　　　　　　　　　div

以前の HTML で使われた <center> は、HTML5 では使えません。代わりに、div 要素を使って style 属性の text-align プロパティ center を指定します。

次の例は、div 要素で一連の内容に同じスタイルを適用する例です。この場合は、文字色をグレーに、要素を中央揃えにする例です。

```
<div style="color:gray; text-align: center;">
  <h1 style="cue:url(ding.wav);">見出しだよ</h1>
  <p>本文の最初の段落だよ。</p>
  <p>本文の2番目の段落だよ。</p>
</div>
```

右揃えにする　　　　　　　　　　　　　　　　　　　　　　　style

以前の HTML で使われた <right> は、HTML5 では使えません。代わりに、p 要素か div 要素を使って style 属性の text-align プロパティ right を指定します。

次の例は、style 属性で p 要素の文を右揃えにする例です。

```
<p style="text-align: right;">右揃えした本文の段落だよ。</p>
```

フォーマット済みテキストのブロックを表す　　　　　　　　　　pre

pre 要素は、フォーマット済み（書式設定済み）テキストのブロックを表します。よりわかりやすくいえば、スペースや改行を削除せずに、そのままの書式で表示します。

次の例は、figure 要素を使ってソースコードを表示する例です。ソースコードの表示には figure 要素の中で pre 要素を使います。

```
<p>リスト1.1 <a href="#list1-1">hello.js</a>は、典型的なJavaScriptのコード例です。</p>

<figure id="list1-1">
  <figcaption>リスト 1.1 典型的なJavaScriptのコードの例</figcaption>
  <pre><code>
  document.write("、JavaScript。");
  d = new Date();
  document.write("今日は、", d.getDate(), "日です。");
  </code></pre>
</figure>
```

【実行結果】figure、pre（ソースコードを表示）

リスト1.1 hello.jsは、典型的なJavaScriptのコード例です。

リスト 1.1 典型的なJavaScriptのコードの例

```
document.write("、JavaScript。");
d = new Date();
document.write("今日は、", d.getDate(), "日です。");
```

引用セクションであることを表す　　blockquote

blockquote 要素は、他の情報源から引用されたセクションを表します。
cite 属性に、その引用もとの情報を記述することができます。
次の例は、blockquote 要素を使う例です。

```
<blockquote cite="http://www.itazurasky.net/yabuichikuan/index.html">
  <p>名医は、自分がわかんないことをわかっています。
    ヤブ医者は、わかんないのが自分が不勉強なのか、
    それとも現代医学では、あるいは通常の臨床レベルでは
    そー簡単にわかんないのが当たり前なのか、わかんないので、
    「わかんない」といいません。
    だから、「わからん」といわない医者はヤブです。</p>
</blockquote>
```

文書製作者への連絡先を表す　　address

address 要素は、文書製作者への連絡先を表します。footer 要素の中に記述するとそのページの製作者への連絡先、article 要素の中に記述するとそのアーティクルの著者への連絡先を表すことになります。

次の例は、p 要素と address 要素を持つ footer 要素の例です（この例ではあえて mailto を使っていません）。

```
<footer style=" color:navy; font-size:0.8em; text-align:center;">
  <p>HTML5で行こう！広報委員会製作</p>
  <address>めーるは<a href="./mail2me.html">こちら</a>へ</address>
</footer>
```

【実行結果】footer、addres

> HTML5で行こう！広報委員会製作
> めーるはこちらへ

作品のタイトルを表す   cite

cite 要素は、作品のタイトルを表します。この要素は、引用したり（例：書籍、新聞、エッセイ、詩、楽譜、歌、脚本、映画、テレビ番組、ゲーム、彫刻、絵画、劇場作）、ついでに言及しただけの作品にも使うことができます

次の例は、cite 要素を使う段落の例です。

```
<p><cite>吾輩は猫である</cite>によると、昔の書生は猫鍋を食べたそうな。</p>
```

日付や時刻を正確に示す   time

time 要素は、日時を正確に記述するときに使います。日時を記述するのに、必ず time 要素を使わなくてはならないわけではありません。ユーザーエージェントが理解できるように日時を示すことが目的です。要素の内容としてあいまいな日時（ある晴れた日、など）を指定するときには、datetime 属性を使って正確な日時を記述します。

次の例は、単に time 要素を使う例と、datetime 属性を指定する例です。

```
<p>朝の<time>4:5</time>に犬に起こされた。</p>

<p>それは、寒い<time datetime="2012-10-12">秋の金曜日</time>だった。</p>
```

コードであることを表す   code

code 要素は、コードの断片を表します。コードとは、XML 要素名、ファイル名、コンピュータープログラム、そのほかコンピューターが認識する文字列などのことです。

lang属性を使って言語を指定することができます。

次の例は、figure要素の中でcode要素を使って英語（en）によるソースコードを表示する例です。

```
<figure>
  <pre><code lang="en">
    document.write("、JavaScript。");
    d = new Date();
    document.write("Today is ", d.getDate(), ".");
  </code></pre>
</figure>
```

範囲を定義する　　　　　　　　　　　　　　　　　　　　span

span要素は、ある範囲をひとつの範囲として定義する際に使用します。

span要素はそれ自身では意味がありませんが、style、class、lang、dir属性などの属性を指定する際に使うことができます。

div要素がより大きなブロックの範囲を定義するのに対して、span要素はより小さい範囲を定義するために使います。

次の例は、span要素を使って文の一部だけフォントを大きくするように指定する例です。

```
<p>寿司といったら絶対に<span style="font-size:xx-large">マグロ</span>だぜ！</p>
```

詳細情報を表す　　　　　　　　　　　　　　　　　　　details

details要素は、ユーザーが追加情報や操作方法などの詳細情報であることを表します。

詳細情報の要約は、子要素としてsummary要素に記述できます。

次の例は、details要素とsummary要素を使う例です。

```
<section class="download">
  <h1>「イケナイ病院」ダウンロード</h1>
  <details>
```

```
    <summary>「イケナイ病院」をダウンロード中です。</summary>
    <dl>
     <dt>ファイル名:</dt><dd>ikan.mp4</dd>
     <dt>ファイルサイズ:</dt> <dd>21.987MB</dd>
     <dt>画面サイズ:</dt><dd>320×240</dd>
     <dt>再生時間:</dt> <dd>01:01:23</dd>
    </dl>
   </details>
</section>
```

details の内容の要約を表す　　　　　　　　　　　summary

summary 要素は details 要素の内容の要約を表します。
「詳細情報を表す (details)」参照。

追加された部分であることを表す　　　　　　　　　　ins

ins 要素は、ドキュメントに追加された部分であることを表します。

変更について説明する文書がある場合には、cite 属性にその URL を指定します。

変更日時を指定する場合は datetime 属性を使います。この値はグローバル日時で指定します（「1.5　値の表現」参照）。

ins 要素は、暗黙の段落の境界をまたぐべきではありません。ins 要素の中に p 要素を配置することも可能ですが、ins 要素は段落の境界にまたがるべきではありません。いいかえると、関連ある段落の内容を ins 要素に分けて記述することは推奨されません。

次の例は、3 個の ins 要素を追加したことを表します：

```
<aside>
  <ins datetime="2013-02-02T00:00Z">
    <p>パンツはビキニに限ります。</p>
  </ins>
  <ins datetime="2013-03-16T01:12Z">
    セミビキニはちょっと刺激的。
  </ins>
  <ins datetime="2013-12-25T18:23+09:00">
```

ドキュメントとページ

```
    トランクスを重ね履きすると暖かい。
  </ins>
</aside>
```

削除された部分であることを表す　　　　　del

del 要素は、ドキュメントから削除された部分であることを表します。

del 要素は、暗黙の段落の境界をまたぐべきではありません。

del 要素の中に p 要素を配置することも可能ですが、del 要素は段落の境界にまたがるべきではありません。いいかえると、関連ある段落の内容を複数の del 要素に分けて記述することは推奨されません。

次の例は、del 要素で完了した項目を消した To Do リストの例です。

```
<h3>ToDoリスト</h3>
<ul>
  <li>クルーザーの上架、船底塗装</li>
  <li><del datetime="2012-11-11T01:25Z">屋敷内一斉清掃</del></li>
  <li>フレンチカレーを食べに行く</li>
  <li><del datetime="2013-04-25T23:38+09:00">ロールスロイス買い替え</del></li>
</ul>
```

【実行結果】del

ToDoリスト

- クルーザーの上架、船底塗装
- ~~屋敷内一斉清掃~~
- フレンチカレーを食べに行く
- ~~ロールスロイス買い替え~~

プラグインデータを埋め込む　　　　　embed

embed 要素は、主にプラグインや外部のアプリケーションと対話的コンテンツを埋め込むときに使います。

組み込むリソースのアドレスは src 属性で指定します。この要素に src 属性が設定されていない場合は、type 属性の値に基づいて適切なプラグインを探し

て利用するようにユーザーエージェントを設計することが推奨されています。

type属性を指定するときには、プラグインの種類を指定するためのMIMEタイプを指定します。

HTML5では、audio要素とvideo要素が追加されたので、これらの要素で対応できる場合にはembed要素を使わずに、audio要素やvideo要素を使うべきです（「第7章　オーディオとビデオ」参照）。

次の例は、Adobe Flashの再生用ファイルフォーマットの1つであるSWF形式のファイル（.swf）と、Microsoftが開発したAVI形式のファイル（.avi）を埋め込む例です。

```
<h3>我が家の長男</h3>
<embed src="boy.swf" />

<h3>我が家の長女</h3>
<embed src="./video/sample.avi" />
```

【実行結果】embed（AVIビデオを埋め込む）

我が家の長女

外部リソースを埋め込む　　　　　　　　　　　　object

object要素は外部リソースを表すことができます。ここでいう、外部リソースとは、イメージ、ネストされたブラウジングコンテキスト、プラグインによって処理される外部リソースのいずれかです。

object要素には、data属性かtype属性を指定しなければないません。

data属性には、リソースのアドレス（URL）を指定します。他の信頼できな

い場所にあるリソースを参照する場合は、任意のスクリプトが実行されて攻撃されないように、typemustmatch属性も指定するべきです。

typemustmatch属性は論理属性で、type属性の値と前述のContent-Typeが一致しているときにだけdata属性で指定されたリソースが使えることを表します。typemustmatch属性は、data属性とtype属性の両方が存在しない限り、指定してはなりません。

ブラウジングコンテキスト名を指定するときには、name属性で指定します。

以前は、\<APPLET\>タグやobject要素を使ってJavaアプレットをHTMLで使えるようにすることがよくありましたが、HTML5ではJavaScriptとHTML5で提供されているAPIなどを使うべきです。

次の例は、object要素を使って他のHTMLページを現在のHTMLページに組み込みます。

```
<object data="sample.html" />
```

プラグインのパラメータを指定する　　param

param要素は、object要素によって呼び出されるプラグインのパラメータを定義します。

param要素には、name属性とvalue属性の両方の属性を指定する必要があります。name属性にはパラメータの名前を指定します。value属性はパラメータの値を指定します。

次の例は、nameが「type」でvalueが「24」のパラメータを指定する例です。

```
<object data="clock.html">
  <param name="type" value="24"/>
</object>
```

4.4 ハイパーリンク

HTMLドキュメントのリンクをクリックすると、指定された場所の情報が表示されるということは、現在では当たり前のことのように感じられるかもしれませんが、インターネットが登場した当初は、画期的なことでした。ここではハイパーリンクについて解説します。

ハイパーリンクを指定する

ハイパーリンク機能を使って、他のHTMLドキュメントを表示するようにリンクを設定することができます。リンクしたいドキュメントを定義するには、アンカーを表すa要素のhref属性で指定します。

次の例は、a要素を使う例です。

```
<a href="./dogs.html">わんこの部屋</a>
<a href="./cats.html">にゃんこの部屋</a>
<a href="./index.html">メニューに戻る</a>
<a href="../index.html">トップページ</a>
```

ページの特定の場所にリンクする

HTMLドキュメントの位置を定義するには、リンクしたい要素のid属性にIDを定義して、アンカーを表すa要素のhref属性で#を使って指定します。HTMLドキュメントのリンク位置を定義するには、「URL/#ID」の形式で指定します。

「<div id="botom" />」のように、表示される要素がないところにリンクしても無効です。

次の例は、要素のid属性とa要素を使う例です。

```
<body>
  <header id ="top">
    :
```

```
</header>

<ul>
  <li><a href="#top">このページの先頭</a></li>
  <li><a href="#bottom">このページの最後</a></li>
  <li><a href="./index.html">メニューに戻る</a></li>
  <li><a href="../index.html">トップページ</a></li>
  <li><a href="./fish.html/#top">お魚のページの先頭</a></li>
  <li><a href="./fish.html/#bottom">お魚のページの最後</a></li>
</ul>

  :

<footer id="bottom">
  footer
</footer>

</body>
```

メールを送れるようにする　　　　　　　　a

ハイパーリンク機能を使って、メールを容易に送れるようにすることができます。

アンカーを表すa要素のhref属性でリンク先のプロトコルにmailtoを指定します。すると、閲覧者がリンクをクリックするとデフォルトのメールソフトが起動してメールの新規作成画面が開きます。メールの宛先欄「to:」には指定したメールアドレスが自動的に入ります。

ただし、この方法を安易に使うとスパムメールを送られる危険性が増すので、一般的には推奨されません。ログインしないと閲覧できないようなセキュアな場所にあるHTMLドキュメントで使用するのがよいでしょう。

次の例は、a要素を使ってメールを送れるようにする例です。

```
<p>メールは<a href="mailto:user@dammy.com">こちら</a></p>
```

4.5 テーブルとリスト

テーブル（表）とリストは、HTMLドキュメントで使われる最も基本的な要素です。ここでは、テーブルとリストについて説明します。

テーブルを表示する　　　　　　　　　　　　　　　　　　　　　　table

table要素はテーブル（表）を作成するための親要素です。テーブルの行に相当する横の列はtr要素としてtable要素の内部に記述し、テーブルの個々のセルはtd要素としてtr要素の子要素として並べます。

これで、罫線も何もない単純なテーブル（表）を作成することができます。

次の例は、単純なテーブルの例です。

```
<table>
  <tr><td>日本</td><td>Nippon</td></tr>
  <tr><td>米国</td><td>United States of America</td></tr>
  <tr><td>スペイン</td><td>Spain</td></tr>
</table>
```

【実行結果】単純なテーブル

日本	Nippon
米国	United States of America
スペイン	Spain

罫線付きのテーブルを作成する　　　　　　　　　　　　　　　　　table

テーブルに罫線を描くときには、CSSを使います。

テーブルを囲む外枠を描きたいときには、table要素のstyle属性に「style="border:solid 1px;"」のようなボーダーのスタイルを記述します。それぞれのセルにも罫線を描きたいときには、それぞれのtd要素にボーダーを指定する必要がありますが、個々のtd要素に個別にボーダーを指定するのは現実的ではありません（色や太さを個別に変えたいなどの場合は除く）。そこで、

head 要素または body 要素の中に td 要素のスタイルとしてボーダーを指定する方法を使うのがよいでしょう。

「テーブルにキャプションをつける（caption）」にも、異なる方法で記述した罫線付きテーブルの例を示しているので参照してください。また、CSS を使わなくても「<table border="1";>」とすることで外枠とセル枠の描かれた表を作成することができます（「表の縦列をグループ化する（colgroup）」参照）。「<table border="0";>」にすると罫線は描かれません。

次の例は、罫線付きのテーブルの例です。

```
<head>
  <meta charset="utf-8" />
  <title>tableのサンプル</title>
  <style>
    td {
      border:solid 1px;
    }
  </style>
</head>
<body>

  <h3>外枠とセル枠</h3>
  <table style="border:solid 1px;">
    <tr><td>日本</td><td>Nippon</td></tr>
    <tr><td>米国</td><td>United States of America</td></tr>
    <tr><td>スペイン</td><td>Spain</td></tr>
  </table>

  <h3>単純な枠</h3>
  <table style="border:solid 1px; border-spacing:0 0;">
    <tr><td>日本</td><td>Nippon</td></tr>
    <tr><td>米国</td><td>United States of America</td></tr>
    <tr><td>スペイン</td><td>Spain</td></tr>
  </table>

</body>
```

【実行結果】罫線付きのテーブル

外枠とセル枠

日本	Nippon
米国	United States of America
スペイン	Spain

単純な枠

日本	Nippon
米国	United States of America
スペイン	Spain

テーブルにキャプションをつける　　　　　　　　　　caption

テーブル（表）にキャプションをつけるときには、table 要素の中に caption 要素を記述します。

次の例は、キャプション付きテーブルを表示する例です。この例では、スタイルを body 要素の中に定義しています。

```
<body>

  <style>
    td {
      border:solid 1px;
    }
  </style>

  <table style="border:solid 1px; border-spacing: 0px 0px;">
    <caption>各国の英語表記</caption>
    <tr><td>日本</td><td>Nippon</td></tr>
    <tr><td>米国</td><td>United States of America</td></tr>
    <tr><td>スペイン</td><td>Spain</td></tr>
  </table>

</body>
```

ドキュメントとページ

【実行結果】キャプション付きテーブル

各国の英語表記	
日本	Nippon
米国	United States of America
スペイン	Spain

テーブルの見出しを作成する　　　　　　　　　th

　th要素は、テーブル（表）の見出しセルを作成するときに使います。

　表示されるときに見出しのフォント（デフォルトでボールド）で表示されることを除くと、th要素の使い方はtd要素と基本的に同じです。

　次の例は、見出しのあるテーブルの例です。

```
<style type="text/css">
  td { border:solid 1px; }
  th { border:solid 1px; }
</style>

<table style="border:solid 1px; border-spacing: 0px 0px;">
  <caption>各国の英語表記</caption>
  <tr><th>日本語</th><th>英語</th></tr>
  <tr><td>日本</td><td>Nippon</td></tr>
  <tr><td>米国</td><td>United States of America</td></tr>
  <tr><td>スペイン</td><td>Spain</td></tr>
</table>
```

【実行結果】見出しのあるテーブル

各国の英語表記	
日本語	**英語**
日本	Nippon
米国	United States of America
スペイン	Spain

表の縦列をグループ化する　　　　　　　　　　　　　　　　　colgroup

colgroup要素は、table要素で作成したカラム（縦列）のグループを表します。たとえば、縦の列の幅をまとめて指定したい場合などに便利です。

colgroup要素は必ずtable要素の中に配置します。また、colgroupやcol要素は、table要素の中のcaption要素よりあとでthead要素より前に記述します。

colgroup要素が縦列を構造的な意味でグループ化するのに対し、col要素は縦列をグループ化しないという点で異なっています。

この要素にはspan属性を指定することができます。この属性の値は、属性やスタイルを適用する縦列の数を表し、0か正の整数でなければなりません。

次の例は、colgroup要素を使って最初の2個の縦列の幅を80pxにして、3番目の縦列の幅を140pxに、4番目の縦列の幅を90pxに設定する例です。

```
<table border="1">
  <caption>速さの用語</caption>

  <colgroup span="2" style="width:80px; text-align:center;" />
  <colgroup style="width:140px;" />
  <colgroup style="width:90px;" />

  <thead>
    <tr><th>用語</th><th>読み方</th><td>意味</td><th>メトロノーム</th></tr>
  </thead>

  <tbody>
    <tr><td>Largo</td><td>ラルゴ</td><td>最も遅く</td><td>およそ46</td></tr>
    <tr><td>Adagio</td><td>アダージョ</td><td>ゆるやかに</td><td>およそ58</td>
    </tr>
    <tr><td>Lento</td><td>レント</td><td>ゆるやかに</td><td>およそ60</td></tr>
    <tr><td>Andante</td><td>アンダンテ</td><td>歩くような速さで</td><td>およそ72
    </td></tr>
    <tr><td>Moderato</td><td>モデラート</td><td>中ぐらいの速さで</td><td>およそ92
    </td></tr>
  </tbody>
</table>
```

【実行結果】colgroup を使ったテーブル

速さの用語

用語	読み方	意味	メトロノーム
Largo	ラルゴ	最も遅く	およそ46
Adagio	アダージョ	ゆるやかに	およそ58
Lento	レント	ゆるやかに	およそ60
Andante	アンダンテ	歩くような速さで	およそ72
Moderato	モデラート	中ぐらいの速さで	およそ92

表の縦列の属性やスタイルを指定する　　　　col

　col 要素は、colgroup 要素でグループ化された縦列グループ内の1つ以上の縦列を表します。

　col 要素は必ず colgroup 属性の中に記述します。ただし、colgroup 要素に span 属性が指定されている場合には col 要素は記述できません。

　この要素には span 属性を指定することができます。この属性の値は、属性やスタイルを適用する縦列の数を表し、0か正の整数でなければなりません。span 属性以外の属性は、HTML5 では使えません。

　次の例は、col 要素で中央二つの縦列の幅を指定し、背景色を指定したテーブルの例です。

```
<table border="1">
  <caption>速さの用語</caption>

  <colgroup span="1" style="width:80px; text-align:center;" />
  <colgroup style="background-color:lightgray;">
    <col span="1" style="width:80px;" />
    <col span="1" style="width:140px;" />
  </colgroup>
  <colgroup style="width:90px;" />

  <thead>
    <tr><th>用語</th><th>読み方</th><td>意味</td><th>メトロノーム</th></tr>
  </thead>

  <tbody>
    <tr><td>Largo</td><td>ラルゴ</td><td>最も遅く</td><td>およそ46</td></tr>
```

```
        <tr><td>Adagio</td><td>アダージョ</td><td>ゆるやかに</td><td>およそ58</td>
        </tr>
        <tr><td>Lento</td><td>レント</td><td>ゆるやかに</td><td>およそ60</td></tr>
        <tr><td>Andante</td><td>アンダンテ</td><td>歩くような速さで</td><td>およそ72
        </td></tr>
        <tr><td>Moderato</td><td>モデラート</td><td>中ぐらいの速さで</td><td>およそ92
        </td></tr>
    </tbody>
</table>
```

【実行結果】col

速さの用語

用語	読み方	意味	メトロノーム
Largo	ラルゴ	最も遅く	およそ46
Adagio	アダージョ	ゆるやかに	およそ58
Lento	レント	ゆるやかに	およそ60
Andante	アンダンテ	歩くような速さで	およそ72
Moderato	モデラート	中ぐらいの速さで	およそ92

テーブルのヘッダ部分を定義する　　　　　　　　thead

thead 要素は、テーブル（表）のヘッダ部分を定義します。
「表の縦列をグループ化する（colgroup）」の例参照。

テーブルのボディ部分を定義する　　　　　　　　tbody

tbody 要素は、テーブル（表）のボディ部分を定義します。
「表の縦列をグループ化する（colgroup）」の例参照。

テーブルのフッタ部分を定義する　　　　　　　　tfoot

tfoot 要素は、テーブル（表）のフッタ部分を定義します。

リストを作成する　　　　　　　　　　　　　　　　　　ul、li

順序のないリストを表示するときには、ul 要素と li 要素を使います。ul は unordered list の略です。リストの各項目は、li 要素として記述します。li は list item の略です。

style 属性の list-style-type プロパティの値で、リストの先頭に表示するものを指定することができます。list-style-type プロパティの値は、「3.9 CSS のプロパティ」の「リストのマーカー文字の種類を指定する（list-style-type）」を参照してください。

次の例は、単純なリストの例です。2 番目のリストは、style 属性の list-style-type プロパティに square を指定してリストの先頭に四角形を描くようにしています。

```
<ul>
  <li>わんこ</li>
  <li>にゃんこ</li>
  <li>はとぽっぽ</li>
</ul>

<ul style="list-style-type: square">
  <li>わんこ</li>
  <li>にゃんこ</li>
  <li>はとぽっぽ</li>
</ul>
```

【実行結果】ul（順序のないリスト）、li

- わんこ
- にゃんこ
- はとぽっぽ

- わんこ
- にゃんこ
- はとぽっぽ

順序のあるリストを表示する　　　　　　　　　　　　　　ol、li

順序のあるリストを表示するときには、ol要素とli要素を使います。olはordered listの略です。リストの各項目は、li要素として記述します。liはlist itemの略です。

style属性のlist-style-typeプロパティの値で、リストの先頭に表示するものを指定することができます。

list-style-typeプロパティの値は、「3.9　CSSのプロパティ」の「リストのマーカー文字の種類を指定する（list-style-type）」を参照してください。

次の例は、順序付きリストの例です。2番目のリストは、style属性のlist-style-typeプロパティにlower-alphaを指定してリストの先頭に小文字のアルファベット文字を描くようにしています。

リストの項目はli要素として記述します。

```
<ol>
  <li>わんこ</li>
  <li>にゃんこ</li>
  <li>はとぽっぽ</li>
</ol>

<ol style="list-style-type:lower-alpha">
  <li>わんこ</li>
  <li>にゃんこ</li>
  <li>はとぽっぽ</li>
</ol>
```

【実行結果】ol（順序付きリスト）、li

1. わんこ
2. にゃんこ
3. はとぽっぽ

a. わんこ
b. にゃんこ
c. はとぽっぽ

定義リストを表す　　　　　　　　　　　　　dl、dt、dd

`dl`要素はDefinition Listの略で、定義リストを表します。定義リストは、定義する用語とその用語の説明をペアにしたリストのことです。各定義は次の形式で記述します。

```
<dt>定義する用語</dt>
    <dd>用語の説明</dd>
```

改行やインデントは必須ではありません。しかし、この形式で記述するとソースが読みやすくなるでしょう。

次の例は、定義リストの例です。

```
<dl>
 <dt>J.S.Bach</dt>
    <dd>1685（アイゼナハ） - 1750（ライプツィヒ）</dd>
 <dt>W.A.Mozart</dt>
    <dd>1756（ザルツブルク） - 1791（ウィーン）</dd>
 <dt>L.V.Beethoven</dt>
    <dd>1770（ボン） - 1827（ウィーン）</dd>
</dl>
```

【実行結果】dt、dl（定義リスト）

J.S.Bach
　　　1685（アイゼナハ） - 1750（ライプツィヒ）
W.A.Mozart
　　　1756（ザルツブルク） - 1791（ウィーン）
L.V.Beethoven
　　　1770（ボン） - 1827（ウィーン）

MEMO

4.6 インラインフレーム

HTML5 では、従来のフレームのタグである <frame> が廃止されました。<frame> タグを使って作成していたレイアウトは、HTML5 では CSS で実現します。文書内に別のコンテンツを配置するインラインフレームは HTML5 でも使用できます。

インラインフレームの構造を定義する　　　　　　　　　　iframe

iframe 要素は、インラインフレームを作るために使います。インラインフレームとは、HTML ドキュメントの内部に別の HTML ドキュメントなどの閲覧コンテンツをネストしたもののことです。

フレーム内部に表示するドキュメントは、src 属性でその URL を指定します。次の例は、2 個の iframe 要素を使う例です。

```
<section>
  <article>
    <h2>./sample.htmlの内容</h2>
    <iframe " src="sample.html" width="320" height="100"></iframe> />
  </article>

  <hr />

  <article>
    <h2>http://www.itazurasky.net/からの内容</h2>
    <iframe src="http://www.itazurasky.net/" width="320" height="200">
    </iframe>
  </article>
</section>
```

> **Note** iframe 要素は、理論上は空要素としても記述できますが、本書執筆時点で実際に空要素として記述すると意図したように機能しないことがあります。また、仕様（CR）に記載されている属性のいくつかはまだほとんど実装されていません。

【実行結果】iframe

./sample.htmlの内容

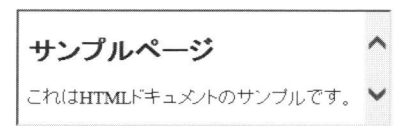

> **サンプルページ**
> これはHTMLドキュメントのサンプルです。

http://www.itazurasky.net/からの内容

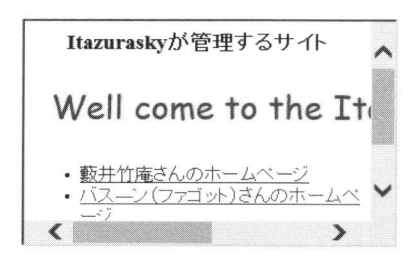

> **Itazuraskyが管理するサイト**
>
> Well come to the It
>
> - 藪井竹庵さんのホームページ
> - バスーン(ファゴット)さんのホームページ

MEMO

第 5 章

文字と文

ここでは、HTML ドキュメントの文字と文に関連することを解説します。ある程度の長さのテキストにも文字 1 文字に適用できることもあります。

文字と文

5.1 文字と文字列

ここでは、文字と文字列（文と呼ぶほど長くないもの）を表示するときの要素や属性について説明します。ただし、ここで解説する要素を文字列全体や段落に適用することもできます。

ボールド体にする　　　　　　　　　　　　　　　　　　　　　　　　　b

b 要素は、ボールド体で表示します。通常の文とは区別したいテキストの範囲を表すときに使います。たとえば、文書内のキーワードや製品名など、他と区別したいテキストを表します。

一般的にいって、b 要素はやたらに使うべきではありません。見出しには h1〜h6 を、強調には em 要素を、重要なことには strong 要素を、目印になるようにしたいテキストには mark 要素を使うべきです。

次の例は b 要素を使う例です。最初の段落はその一部を b 要素でボールドにし、2 番目の段落ではさらに style 属性でイタリックを指定する例です。

```
<p>ボケや認知力が低下する理由はたくさんあります。
有名な<b>アルツハイマー</b>以外に、脳の<b>委縮</b>や<b>腫瘍</b>、
<b>脳梗塞</b>など。<br />
特に高齢者は転倒などによる<b>慢性硬膜下血腫</b>がよくみられます。</p>
<p style="font-style:italic">ボケたかな？と感じたときに最も重要なことは、
まず、<b>ありのままの事実を受け入れる</b>ことです。</p>
```

【実行結果】b

ボケや認知力が低下する理由はたくさんあります。有名な**アルツハイマー**以外に、脳の**委縮**や**腫瘍**、**脳梗塞**など。特に高齢者は転倒などによる**慢性硬膜下血腫**がよくみられます。

*ボケたかな？と感じたときに最も重要なことは、まず、**ありのままの事実を受け入れる**ことです。*

> **Note** あとに示す em 要素を使うと、ボールドとイタリックを同時に指定することができます。

イタリック体にする　　　　　　　　　　　　　　　　　　　　　　　　i

i 要素は、要素の内容をイタリック体で表示します。たとえば、会話や心の中で思ったことなど、他と区別したいテキストを表すときによく使われます。ただし、日本語の場合は特にイタリックにすると直後の文字と重なる傾向があるので、境界に句読点がない場合は、さらに「と」で囲うなど何らかの工夫を行ったほうがよい場合が多いでしょう。

次の例は i 要素を使う例です。

```
<p>患者の評判ほどアテにならないものはありません。<br />
    いつもニコニコ、<i>「どうですか？」</i>と<i>「そうですね」</i>しか言わず、
    患者の望みどおり薬を出して、患者の無駄話もよく聞いて愛想がいい医者は、
    概して評判がいいです。
    そして、そういうところにかかって、もし誤診が原因で患者が死んじゃったとしても、
    <i>先生は親身になってよくやってくれた。</i>
    という印象を残すので、さらに評判がよくなります。
</p>
```

【実行結果】i

患者の評判ほどアテにならないものはありません。
いつもニコニコ、*「どうですか？」*と*「そうですね」*しか言わず、患者の望みどおり薬を出して、患者の無駄話もよく聞いて愛想がいい医者は、概して評判がいいです。そして、そういうところにかかって、もし誤診が原因で患者が死んじゃったとしても、*先生は親身になってよくやってくれた。*という印象を残すので、さらに評判がよくなります。

アンダーラインを引く　　　　　　　　　　　　　　　　　　　　　　　　u

u 要素は、文字の下にアンダーラインを引くことによって、はっきりと表示されてはいるものの、明確に伝わりにくかったり、本来とは異なった表記を伴うテキストの範囲を表します。たとえば、スペルミスだとしてテキストにラベル付けするような場合が想定されます。

HTML5 より前は、u 要素は単にアンダーラインを引くという目的で多用される傾向がありましたが、HTML5 では、一般的には u 要素より適切な要素がある場合が多いといえます。強調したいなら em 要素を、使うべきです。重要なことには strong 要素を、目印になるようにしたいテキストには mark 要素を使うべ

きです。

　通常の文とは区別したいテキストの範囲を表すときにはb要素を使うべきです。本のタイトルならcite要素を使うべきです。明示的なテキスト注記を付けたいならruby要素を使うべきです。欧米のテキストにおける船の名前ならi要素を使うべきです。

　次の例はu要素を使う例です。

```
<p>実際、<u>ADHDは精神病でない</u>という立場の専門家も少なくないですし、
    <u>アスペルガー症候群</u>などという「病名」はやっぱり不適切だ、使うのをやめちゃえ、
    などということが現実に起きています。
</p>
```

【実行結果】u

実際、ADHDは精神病でないという立場の専門家も少なくないですし、アスペルガー症候群などという「病名」はやっぱり不適切だ、使うのをやめちゃえ、などということが現実に起きています。

打ち消し線を引く　　　　　　　　　　　　　　　　　　　　　s

　s要素は、すでに正確ではなくなった内容や、すでに関係なくなった内容を表します。

　HTML5より以前では文章の編集上、削除された範囲を示すためにs要素が使われましたが、HTML5では、文書の編集を表すことを目的として使うことは適切ではないとされています。削除されたテキスト箇所を表す場合には、s要素ではなくdel要素（第3章参照）を使ってください。

　次の例は、標準価格がすでに正確な販売価格でなくなったことを示すすためにs要素を使う例です。

```
<h3>円高でロールスロイスが超特価！</h3>
<p>庶民の乗用車、ロールス・ロイス・ファントムが値下がりしました。</p>
<p><s>最高グレード希望小売価格： 1台 3億8千万円</s></p>
<p><strong>今なら1台でたったの 2億8千万円でご奉仕！</strong></p>
```

【実行結果】s

円高でロールスロイスが超特価！

庶民の乗用車、ロールス・ロイス・ファントムが値下がりしました。

~~最高グレード希望小売価格：1台 3億8千万円~~

今なら1台たったの **2億8千万円**でご奉仕！

変数であることを示す　　　　　　　　　　　　　　　　　　　　`var`

var 要素は変数や定数などを表します。これは、通常の HTML ドキュメントの中の数式、変数や定数を表す識別子、物理量を表す記号、関数パラメータなどを表記するときに使います。

比較的複雑な数学や物理などの式には、MathML が適切です

次の例は、HTML ドキュメントの中で var 要素を使う例です。

```
<p>半径の長さを  <var>r</var>とし、
   円周率を<var>PI</var>（値は3．141592653‥）とすると、
   面積は次の式で計算できます。<br />
   <var>a = r ×r ×  PI</var>
</p>
```

【実行結果】var

半径の長さをrとし、円周率をPI(値は3．141592653‥)とすると、面積は次の式で計算できます。
$a = r × r ×　PI$

文字のスタイルを変える　　　　　　　　　　　　　　　　　　　`style`

style 要素を使って、要素のスタイルを指定することができます。

スタイルについては「第 3 章　CSS」を参照してください。

次の例は、p 要素に対して中央揃え（text-align: center）文字の色を黒（color: black）に指定し、さらに、p 要素に対して catch という名前のクラスのスタイルとして文字の色をグレー（color: gray）に指定し、さらに p 要素の中の span 要素にもスタイルを指定した例です。

```
<style type="text/css">
  p {
    text-align: center;
    color: black;
  }
  p.catch {
    color: gray;
  }
  p span {
    font-size: x-large;
  }
</style>
<p>今年の流行</p>
<p class="catch ">今年の冬は、<span>オールインワン</span>です！</p>
```

【実行結果】style

今年の流行

今年の冬は、**オールインワン**です！

下付き文字を表す　　　　　　　　　　　　　　　　　　　　　　sub

sub 要素は下付き文字を表します。

下付き文字は数学や化学（例：H_2O）などでよく使いますが、日本語の文字列を下付きにすることもできます。

次の例は sub 要素と次で説明する sup 要素を使う例です。

```
<p>これは、<sub>下付き文字</sub>の例です。</p>
<p>これは、ごく普通の文字の例です。</p>
<p>これは、<sup>上付き文字</sup>の例です。</p>
```

【実行結果】sub、sup

これは、下付き文字の例です。

これは、ごく普通の文字の例です。

これは、上付き文字の例です。

上付き文字を表す　　　　　　　　　　　　　　　　　　　　sup

sup 要素は上付き文字を表します。

上付き文字は数学（例：$x^{(n+2)}$）や化学（例：H^+O）などでよく使いますが、日本語の文字列を上付きにすることもできます。

「下付き文字を表す（sub）」の例参照。

小さな文字で表現する　　　　　　　　　　　　　　　　　small

small 要素は、免責・警告・著作権などの注釈や細目を表すことを主な目的として、小さな文字で表現するときに使う要素です。

次の例は、small 要素を使う例です。

```
<p>皮膚科や整形外科はヤブが多いです、なんて、絶対にいえません。</p>
<p>でも、皮膚科は医学生の間であまり人気がありません。ということはないでしょう、
おそらく。<br />
だってさあ、デキモノと水虫とインキンばっかり診てるんだぜ、かっこ悪いじゃん、
てなことが言われてる可能性はありません、たぶん。<br />
誤診したって患者が死ぬようなことはめったにないし、治んなくてもカユイのは患者だし、
なんかよくわかんねーからステロイドでも出しときゃいいか、というような不心得な
皮膚科医も、絶対にいません、願わくば。</p>
<p><small>この文の真意を理解するには、「読んではイケナイ病気と病院Q&A」を読むべし。
</small></p>
```

【実行結果】small

皮膚科や整形外科はヤブが多いです、なんて、絶対にいえません。

でも、皮膚科は医学生の間であまり人気がありません。ということはないでしょう、おそらく。
だってさあ、デキモノと水虫とインキンばっかり診てるんだぜ、かっこ悪いじゃん、てなことが言われてる可能性はありません、たぶん。
誤診したって患者が死ぬようなことはめったにないし、治んなくてもカユイのは患者だし、なんかよくわかんねーからステロイドでも出しときゃいいか、というような不心得な 皮膚科医も、絶対にいません、願わくば。

この文の真意を理解するには、「読んではイケナイ病気と病院Q&A」を読むべし。

強調する部分を表す　　　　　　　　　　　　　　　　　　em

em 要素は、強調を表します。一般的には、ボールドのイタリックとして表示されますが、もちろん、別のスタイル（たとえば <em style="font-style:

normal; color: red;">...</em>）を指定したり、ユーザーエージェントで変更されている場合もあります。

em 要素は、重要性を伝えようとすることはできません。その場合は、strong 要素のほうが適切です。

次の例は em 要素を使う例です。

```
<p><em>専門医でもヤブはヤブ</em>です。<br />
　専門医というのは、その専門領域でなんかしたよ、
　ということを認定された、というだけのことです。
　<em>専門医だからとって特に優秀であるわけじゃありません</em>。
</p>
```

【実行結果】em

*専門医でもヤブはヤブ*です。
専門医というのは、その専門領域でなんかしたよ、ということを認定された、というだけのことです。*専門医だからとって特に優秀であるわけじゃありません*。

強い重要性を表す　　　　　　　　　　　　　　　strong

strong 要素は、特に注意を惹きたいような強い重要性を表します。

次の例は strong 要素を使う例です。

```
<p><strong>きわめて重要な注意！</strong>
　　皮膚科や整形外科はヤブが多い、かもしれません。
</p>
```

【実行結果】strong

きわめて重要な注意！ 皮膚科や整形外科はヤブが多い、かもしれません。

マークを付ける　　　　　　　　　　　　　　　　mark

mark 要素は、文書内のテキストを目立たせるために、マークを付けるかハイライト表示します。

ドキュメントの著者が意図したわけではないけれどユーザーにとって注目すべき部分を表します。

たとえば、アプリ（クライアント）側かサーバー側で、ユーザーの検索という操作によってドキュメントの中の検索文字列に一致する部分を特別な表示にしたいときなどに使います。

次の例は mark 要素を使う例です。

```
<p>冷え症（冷え性）の場合は、市販のとても高価な冷え性改善
    <mark>サプリメント</mark>は、まったく無駄です。<br />
    高価な<mark>サプリメント</mark>やグッズなどを次々買って試してみると、
    懐具合に影響することだけは確かですけど。</p>
<p>あなたの冷え性が何らかの病気が原因でないなら、
    ちゃんと食べて、積極的に運動してみてください。
    他に病気がなければ、大抵は運動することで筋肉が増えて代謝が増え、結果的に改善します。
    それ以外の、<mark>サプリメント</mark>やマッサージ、足湯、漢方薬、鍼灸などは、
    ごく一時的に血行を改善することがあっても、冷え性を根本から改善することはできません。</p>
```

【実行結果】mark

冷え症(冷え性)の場合は、市販のとても高価な冷え性改善 サプリメントは、まったく無駄です。
高価なサプリメントやグッズなどを次々買って試してみると、懐具合に影響することだけは確かですけど。

あなたの冷え性が何らかの病気が原因でないなら、ちゃんと食べて、積極的に運動してみてください。他に病気がなければ、大抵は運動することで筋肉が増えて代謝が増え、結果的に改善します。それ以外の、サプリメントやマッサージ、足湯、漢方薬、鍼灸などは、ごく一時的に血行を改善することがあっても、冷え性を根本から改善することはできません。

ルビをふる　　　　　　　　　　　　　　　　　ruby、rt、rp

ruby 要素、rt 要素、rp 要素を使ってルビ（ふりがな）を記述することができます。

ruby 要素には、rt 要素や rp 要素を入れることができます。

ruby 要素の中に記述した rt 要素と rp 要素は、ユーザーエージェントがルビに対応している場合、文字の上に小さな文字として表示されるいわゆるルビとして表示されます。

rp 要素は、ユーザー──エージェントがルビに対応していない場合に、ルビの内容をかっこ（）で囲んで表示されます。

文字と文

次の例は、ruby 要素、rt 要素、rp 要素を使う例です。

```
<h3><ruby>慢性硬膜下血腫<rt>まんせいこうまくかけっしゅ</rt></ruby></h3>

<p>高齢者によくみられる、<ruby>硬膜<rt>こうまく</rt></ruby>と脳の間に
    <ruby>血腫<rt>けっしゅ</rt></ruby>がじょじょに形成される病気です。</p>

<p>転倒させて頭をぶつけた、などが原因となり、後刻ジワジワと出血して
    <ruby>血腫<rp>  (</rp><rt>けっしゅ</rt><rp>)  </rp></ruby>になり、
    脳を圧迫するなどして、<ruby>認知症<rp>(</rp><rt>にんちしょう</rt><rp>)  </rp></ruby>
    が進んだとか性格が変わったなど誤解されることがよくあります。</p>
```

【実行結果】ruby、rt、rp（ルビに対応している場合）

まんせいこうまくかけっしゅ
慢性硬膜下血腫

高齢者によくみられる、硬膜と脳の間に 血腫がじょじょに形成される病気です。

転倒させて頭をぶつけた、などが原因となり、後刻ジワジワと出血して 血腫になり、脳を圧迫するなどして、
認知症 が進んだとか性格が変わったなど誤解されることがよくあります。

【実行結果】ruby、rt、rp（ルビに対応していない場合）

慢性硬膜下血腫まんせいこうまくかけっしゅ

高齢者によくみられる、硬膜こうまくと脳の間に 血腫けっしゅがじょじょに形成される病気です。

転倒させて頭をぶつけた、などが原因となり、後刻ジワジワと出血して 血腫 (けっしゅ) になり、脳を圧迫するなどして、認知症(にんちしょう)
が進んだとか性格が変わったなど誤解されることがよくあります。

略語の定義を行う　　　　　　　　　　　　　　　　　dfn、abbr

　dfn 要素は、用語の定義を表します。略語（頭字語）の定義は、abbr 要素の title 属性に記述することができます。

　用語の定義がある場合、ユーザーがその用語の上にマウスカーソルを移動してしばらく待つなどの操作をすると、dfn 要素の title 属性に記述した内容が吹き出しのように表示されます。

　次の例は dfn 要素を使う例で、"Magnetic Resonance Imaging" を略した MRI という用語を最初の段落の先頭で定義した例です。イタリックの MRI という用語の上にマウスカーソルを移動してしばらく待つと、「Magnetic Resonance

Imaging」が表示されます。

```
<p><dfn><abbr title="Magnetic Resonance Imaging">MRI</abbr></dfn>は
核磁気共鳴現象を利用して身体の内部を画像にする技術または装置のことです。<br />
心の病を本当に正確に診断するためには、MRIによる検査と脳は測定は必須です。</p>
<p>あなたは、画像診断もやらないで問診だけで「肺癌です」と言われて、
肺の摘出手術を受けますか？</p>
```

【実行結果】dfn、abbr

MRIは核磁気共鳴現象を利用して身体の内部を画像にする技術または装置のことです。
心 Magnetic Resonance Imaging るためには、MRIによる検査と脳は測定は必須です。

あなたは、画像診断もやらないで問診だけで「肺癌です」と言われて、肺の摘出手術を受けますか？

5.2 文

ここでは、文を表示するときの要素について説明します。

引用であることを表す　　　　　　　　　　　　　　　　　q

q要素は、他のソースから引用された句や文であることを表します。

この要素を囲む引用符は、ユーザーエージェントが自動的に挿入します。この際、lang属性をenにするとダブルクォーテーション（" と "）で引用句が囲まれ、lang属性をjaにするとカギカッコ（「と」）で囲まれると、多くの場合に想定してよいでしょう（すべてのユーザーエージェントでそうなるというわけではありません）。

cite属性を使って引用元のソースのURLを記述することもできます。

引用については、第4章の「引用セクションであることを表す（blockquote）」と「作品のタイトルを表す（cite）」も参照してください。

次の例はq要素を使う例です。

```
<p>その猫は、<q lang="ja">吾輩は猫である</q>といった。
```

```
<p>The cat said <q lang="en">I am a cat</q>. </p>
```

【実行結果】q

その猫は、「吾輩は猫である」といった。

The cat said "I am a cat".

プログラムによる出力結果のサンプルであることを示す　　samp

samp 要素は、プログラムやシステムからの（サンプル）出力を表します。

第 4 章の「フォーマット済みテキストのブロックを表す(pre)」とこの章の「ユーザーが入力する内容であることを示す（kbd）」参照。

次の例は samp 要素をインラインで使う例です。

```
<p>このプログラムを実行すると、<samp>エラーやんか。開発元にさっさと連絡せんかい！</samp>
    というメッセージが表示されます。</p>
```

【実行結果】samp

このプログラムを実行すると、エラーやんか。開発元にさっさと連絡せんかい！というメッセージが
表示されます。

5.3　入力と選択

ここでは、ユーザーの入力や選択に関する要素について説明します。

ユーザーが入力する内容であることを示す　　kbd

kbd 要素は、プログラムやシステムにユーザーが入力する内容であることを表します。

通常はキーボード入力ですが、メニュー項目の選択や音声コマンドのような他

の種類の入力を表すために使うこともできます。

次の例はkbd要素を使う例です。日本の場合、キーボードのキーを表すときには2番目の例のように [と] で囲むことがよく行われます。

```
<p>システムが反応しなくなったら、
  <kbd>Ctrl</kbd>+<kbd>Alt</kbd>+<kbd>Del</kbd>を
  押してください。
</p>

  <p>システムが反応しなくなったら、
  <kbd>[Ctrl]</kbd>+<kbd>[Alt]</kbd>+<kbd>[Del]</kbd>を
  押してください。
</p>

<p>次のように入力してください。<br />
  <kbd><samp>document.writeln("Hello HTML!");</samp></kbd>
</p>
```

【実行結果】kbd

システムが反応しなくなったら、Ctrl+Alt+Delを押してください。

システムが反応しなくなったら、[Ctrl]+[Alt]+[Del]を押してください。

次のように入力してください。
document.writeln("Hello HTML!");

フォームを作る　　　　　　　　　　　　　　　　　　　　　　　form

form要素は、ユーザーが入力してサーバーに送信するフォームを作るときに使います。

form要素の中には、一般に、label要素、input要素、select要素、textarea要素などを配置します。

フォームに入力されたデータは、input要素やbutton要素で作成したサブミットボタンが選択されると、method属性で指定した方法で、action属性で指定した送信先URLに送られます。サーバーへ送信されたデータの処理は、サーバーサイドのPHPやCGIなどのスクリプトで行われます。そのため、form要素のaction属性には、典型的には、PHPやCGIなどフォスクリプト名か、あ

るいは、action="mailto:<address>" の形式で情報を送るメールアドレスを指定します。

form 要素の method 属性には、表に示すデータの送信方法を指定します。

表5.1　method属性の値

値	意味
get	「URI ?データ」が送られる（デフォルト）。
post	送信内容全体が本体として送信される（フォームの内容を送信先ページに送る）。

一般的には、get の場合は、データを受け取ったサーバーは？以降を環境変数に入れて CGI などの処理プログラムに渡します。URI の長さや環境変数の長さに制限があることがあるので、長いデータを送るのには適しません。一方、post ではデータは URI の一部ではなく、独立した本文として送られるので、長いデータでも送ることができます（ただし、フォームに入力されるようなデータに限ります）。

次の例は form 要素を使う例です。

```
<form action="mailto:someone@zzz.ca.jp" method="post">
  <label>ID(E-mail): <input type="text" name="mail" /></label><br />
  <br />
  <label>パスワード: <input type="password" name="passwd" /></label><br />
  <br />
  <input type="submit" value="送信" /><span> </span>
  <input type="reset" value="取消し" /><br />
</form>
```

【実行結果】form、input

ID(E-mail): ☐

パスワード: ☐

[送信] [取消し]

フォームの入力項目をグループ化する　　　　　　　　fieldset

fieldset 要素は、フォームのコントロールをグループ化します。

fieldset 要素の最初の子要素である legend 要素でグループの名前を指定します。

次の例は fieldset 要素を使う例です。

```
<fieldset>
  <legend>楽しく演奏</legend>
  <p>
    <label>
      <input type="radio" name="c" value="0" checked="checked" />
      メロディーあり
    </label>
  </p>
  <p><label><input type="radio" name="c" value="1" />伴奏だけ</label></p>
  <p><label><input type="checkbox" name="g" />クリックを入れる</label></p>
  <p><label>ボリューム
    <input type="range" name="e" list="volume" min="0" max="100"
    value="0" step="1" />
    </label>
  <datalist id="volume">
    <option label="Normal" value="50" />
    <option label="Maximum" value="100" />
  </datalist></p>
</fieldset>
```

【実行結果】fieldset、legend、label、input

楽しく演奏
- ◉ メロディーあり
- ○ 伴奏だけ
- ☑ クリックを入れる

ボリューム ▮▮▮▮▮▮▮▮▮▮▮▮▮▮▮

フォームのグループにキャプションを付ける　　legend

fieldset 要素でフォームのコントロールをグループ化する際に、fieldset 要素の最初の子要素である legend 要素でグループの名前を指定します。

「フォームの入力項目をグループ化する（fieldset）」参照。

コントロールにラベルを付ける　　label

label 要素はフォームの部品とラベル（項目名）を関連付けるために使います。

次の例は type が radio であるコントロールに「伴奏だけ」という名前を付ける例です。

```
<label><input type="radio" name="c" value="1" />伴奏だけ</label>
```

「フォームの入力項目をグループ化する（fieldset）」参照。

フォームの入力コントロールを作成する　　input

input 要素は、フォームを構成するさまざまな入力コントロールを作成するときに使います。

入力コントロールの種類は type 属性で指定します。input 要素の type 属性を表に示します。

表5.2　input要素のtype属性

type 属性	解説
buton	汎用ボタンを作成する。
color	色の入力フィールドを作成する。
checkbox	チェックボックスを作成する。
date	日の入力フィールドを作成する。
datetime	協定世界時による日時の入力フィールドを作成する。
datetime-local	ローカル日時の入力フィールドを作成する。
email	メールアドレスの入力フィールドを作成する。
file	サーバーに送信するファイル名を入力／選択する。
hidden	画面上は表示されない隠しデータを指定する。
image	画像ボタンを作成する。

5.3 入力と選択

type 属性	解説
month	月の入力フィールドを作成する。
number	数値の入力フィールドを作成する。
password	パスワード入力フィールドを作成する。
radio	ラジオボタンを作成する。
range	レンジ入力フィールドを作成する。
reset	リセットボタンを作成する。
search	検索テキストの入力フィールドを作成する。
submit	送信ボタンを作成する。
tel	電話番号の入力フィールドを作成する。
text	1行のテキストボックスを作成する。
time	時間の入力フィールドを作成する。
url	URL の入力フィールドを作成する。
week	週の入力フィールドを作成する。

次の例は、input 要素の type 属性ごとの外観を表示する例です。

```
<h3>inputのtypeごとの外観</h3><br />

<label>button:<input type="button" value="button" /><br /></label>
<br />

<label>checkbox:<input type="checkbox" />checkbox<br /></label>
<br />

<label>color:<input type="color" value="blue" /><br /></label>
<br />

<label>date:<input type="date" value="2014-12-12" /><br /></label>
<br />

<label>datetime:
  <input type="datetime" value="2012-09-12T23:20:04+09:00" /><br />
</label><br />

<label>datetime-local:
  <input type="datetime-local" value="2012-09-12T23:20:04" /><br />
</label><br />
```

239

```html
<label>email:
  <input type="email" value="email@cia.ca.jp" /><br /></label>
<br />

<label>file:<input type="file" name="myfile" /><br /></label>
<br />

<label>hidden:<input type="hidden" name="hidden" /><br /></label>
<br />

<label>image:
  <input type="image" name="image" src="./images/mozilla.jpg" /><br />
</label><br />

<label>month:<input type="month" value="7" /><br /></label>
<br />

<label>number:<input type="number" value="123" /><br /></label>
<br />

<label>password:<input type="password" value="password" /><br /></label>
<br />

<label>radio:<input type="radio" />radio<br /></label>
<br />

<label>range:
  <input type="range" min="1" max="100" value="30" /><br />
</label><br />

<label>reset:<input type="reset" value="リセット" /><br /></label>
<br />

<label>search:<input type="search" value="検索文字列" /><br /></label>
<br />

<label>submit:<input type="submit" value="送信" /><br /></label>
<br />

<label>tel:<input type="tel" value="81-3345-0110" /><br /></label>
<br />
```

```
<label>text:<input type="text" value="テキスト" /><br /></label>
<br />

<label>time:<input type="time" value="10:12:30" /><br /></label>
<br />

<label>url:
  <input type="url" value="http://www.w3.org/TR/html5/ /><br />
</label><br />

<label>week:<input type="week" value="3" /><br /></label>
<br />
```

【実行結果】input（type属性ごとの外観）

button: button
checkbox: ☑ checkbox
color: blue
date: 2014-12-12
datetime: 2012-09-12T23:20:04+09
datetime-local: 2012-09-12T23:20:04
email: email@cia.ca.jp
file: C:\user.js 参照...
hidden:
image:
month: 7
number: 123

password: ●●●●●●●●
radio: ○ radio
range:
reset: リセット
search: 検索文字列
submit: 送信
tel: 81-3345-0110
text: テキスト
time: 10:12:30
url: http://www.w3.org/TR/htn

type属性以外のinput要素の主な属性を表に示します。

表5.3 input要素の主な属性

属性	解説
autocomplete	入力候補を提示して入力内容を自動補完する。
autofocus	そのフィールドに入力フォーカスを設定する。
placeholder	入力フィールドに初期表示する内容を指定する。

文字と文

属性	解説
required	入力必須であることを示す
pattern	正規表現で入力値のパターンを指定する。
min	入力できる最小値を指定する。
max	入力できる最大値を指定する。
step	入力フィールドで刻むステップ値を指定する。
multiple	複数の値を入力／選択できるようにする。
list	リストを作成する。(「入力データリストを定義する(datalist)」参照)。

「フォームを作る (form)」や「フォームの入力項目をグループ化する (fieldset)」を参照してください。

ボタンを作成する　　　　　　　　　　　　　　　　　　　　button

button 要素は、コマンドボタンを表します。

button 要素の type 属性に指定できる値を表に示します。

表5.4　button要素のtype属性

値	名前	動作
submit	サブミットボタン	フォームをサブミットする（デフォルト）。
reset	リセットボタン	フォームをリセットする。
button	ボタン	何もしないか、指定した動作。

type 属性が submit か reset であれば、フォームの中のコントロールの内容を送信するかリセットします。type 属性が button ならば、状況に応じて任意の目的に使うことができます。

次の例は button 要素を使う例です。

```
<form method="post" action="example.cgi">

  <p>氏名:<input type="text" value="your name" /><br /></p>
  <br />

  <label>email:<input type="email" value="email@cia.ca.jp" /><br /></label>
  <br />
```

```
<button type="submit">送信</button><span>  </span>

<button type="reset">リセット</button><span>  </span>

<button type="button" value="button" onclick="clicked()">button</button>
<script type="text/javascript">
  function clicked() {
    document.writeln("Buttonがクリックされました。");
  }
</script>

</form>
```

【実行結果】button

氏名:[your name]
email:[email@cia.ca.jp]

[送信] [リセット] [button]

セレクトボックスを作成する　　　　　　　　　select、option

select 要素は、一連の選択肢の中からひとつの項目を選択するためのコントロールを表します。

select 要素の選択肢リストは、option 要素を子要素として記述するか、optgroup 要素の子に含まれる option 要素として記述します。

multiple 属性は論理属性で、指定すると選択肢リストから 0 個以上の選択肢を選択するためのコントロールを表します。この属性を指定しなければ、選択肢リストから選択肢をひとつだけ選択するためのコントロールを表します。

size 属性には表示する選択肢の数を指定します。

required 属性を指定した場合、フォームをサブミットする前にいずれかの値を選択しなければならなくなります。

次の例は select 要素を使う例です。

```
<select name="job" required="required">
  <option value=""> 職業を選んでください </option>
```

文字と文

```
  <option value="1"> 医師 </option>
  <option value="2"> 教員 </option>
  <option value="3"> 無職 </option>
  <option value="4"> 学生 </option>
  <option value="5"> 会社員 </option>
</select>
```

【実行結果】select

職業を選んでください
医師
教員
無職
学生
会社員

入力データリストを定義する   datalist

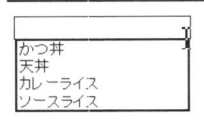

datalist 要素は、入力候補となるデータリストを定義します。

datalist 要素は、input 要素の list 属性と共に使ってコンボボックスを作ることができます。

次の例は datalist 要素を使う例です。

```
<input list="lunch" />
<datalist id="lunch">
  <option value="かつ丼" />
  <option value="天丼" />
  <option value="カレーライス" />
  <option value="ソースライス" />
</datalist>
```

【実行結果】datalist

かつ丼
天丼
カレーライス
ソースライス

選択肢をグループ化する　　　　　　　　　　　　　optgroup

optgroup は、select 要素や datalist 要素の option 要素をグループ化するために使います。

次の例は select 要素の中で option 要素のグループ化のために optgroup 要素を使う例です。

```
<form action="sample.cgi" method="get" >
  <label>今日のレッスン:
  <select name="c">
    <optgroup label="1.0 基礎練習" />
      <option value="1.1">レッスン 1: ロングノート</option>
      <option value="1.2">レッスン 2: ドレミを吹こう</option>
      <option value="1.3">レッスン 3: ハ長調の音階だよ</option>
    <optgroup label="2.0 楽しい旋律" />
      <option value="2.1">レッスン 1: ぶんぶんぶん</option>
      <option value="2.2">レッスン 2: アメイジンググレース</option>
      <option value="2.3">レッスン 3: グリーンスリーブス</option>
    <optgroup label="3.0 コンチェルトに挑戦" />
      <option value="3.1">レッスン 1: バッハのハ短調協奏曲</option>
      <option value="3.2">レッスン 2: ブラームスのニ長調協奏曲</option>
      <option value="3.3">レッスン 3: 神尾睦月の2重協奏曲</option>
  </select>
  </label>
  <br />
  <p><input type="submit" value="レッスン開始" /></p>
</form>
```

【実行結果】optgroup

複数行のテキスト入力フィールドを作成する　　textarea

textarea 要素は、ユーザーが入力したり編集できるマルチライン（複数行）のプレーンテキスト編集コントロールを表します。

readonly 属性を readonly="readonly" の形式で指定すると、textarea 要素の内容を表示することができますが、ユーザーはそのテキストを編集できなくなります。これはテキストをスクロール可能な状態でユーザーに表示するために使うことができます。

```html
<textarea name="txtarea" readonly="readonly" cols="40" rows="8">
そこそこ長い文章。ただし、表示するだけでユーザーは編集できない。
</textarea>
```

次の例は textarea 要素を使う例です。

```html
<form action="sample.cgi" method="get" >
  <label>短い感想をどうぞ：</label><br />
  <textarea name="txtarea" cols="40" rows="8"></textarea>
  <br />
  <p><input type="submit" value="送信" /></p>
</form>
```

【実行結果】textarea

短い感想をどうぞ：
```
ユーザーはここに数行程度のテキストを入力すること
ができます。|
```

送信

フォーム送信時にキーを発行する　　keygen

keygen 要素は、キー（鍵）ペア生成コントロールを表します。フォームがサブミットされると、秘密鍵はローカルの鍵ストアに保存され、公開鍵はパッケー

ジされてサーバーに送信されます。

ユーザーエージェントがサポートすべきキーの種類は決められていません。ユーザーエージェントは、どのキーもサポートしない可能性もあります。

次の例は keygen 要素を使う例です。

```
<form action="processkey.cgi" method="post" enctype="multipart/form-data">
  <keygen name="key" />
  <p><input type="submit" value="キーを送信" /></p>
</form>
```

計算結果を示す　　　　　　　　　　　　　　　　　output

output 要素は、計算の結果を表します。

次の例は output 要素を使う例です。

```
<form>
  <fieldset>
    <legend>プロジェクトの進捗状況</legend>
    E-Mail：<input type="text" name="mailadrs" /><br />
    達成度：<input type="range" name="complete" min="0" max="100" />
    <output name="result" onforminput="value=complete.value"></output><br />
    <input type="submit" value="送信" />
  </fieldset>
</form>
```

【実行結果】output

プロジェクトの進捗状況
E-Mail：example@cia.ca.jp
達成度：
送信

進行状況を示す　　　　　　　　　　　　　　　　progress

progress 要素は、タスクが完了するまでの進捗を表します。

なお、Web 上のイベントでは、進捗状況が常に正確に把握できない場合もあります。たとえば、ダウンロードする際のサーバーの利用状況によって、進捗状況が変わることがあります。

次の例は progress 要素を使う例です。

```
<section>
  <h2>ダウンロード</h2>
  <p>進行状況: <progress id="prg" max="100" /></p>
  <p>
    <input type="button" id="btn" value="スタート" onclick="clicked()" />
  </p>
  <script>
    var progressBar = document.getElementById('prg');
    var startButton = document.getElementById('btn');
    function clicked() {
      var v = 0;
      for (v = 0; v < 101; v += 1) {
        updateProgress(v);
      }
    }
    function updateProgress(newValue) {
      progressBar.value = newValue;
    }
  </script>
</section>
```

【実行結果】progress

ダウンロード

進行状況: ■■■■■■■■■■■■■■

[スタート]

特定の範囲の中の値を表す　　　　　　　　　　　　meter

meter 要素は、既知の範囲にある数量や、割合を表すような値を表します。たとえば、リソース（CPU、メモリ、ディスク）の使用量、信頼性、特定の政党に投票した投票人口の割合などです。

進捗状況を示したいときには、meter要素ではなくprogress要素を使ってください。

meter要素のmin属性は範囲の下限を表し、max属性は上限を表します。value属性は現在の値としてゲージに指し示す値を指定します。

次の例はmeter要素を使う例です。

```
<section>
  <h2>リソースの使用状況</h2>
  <p>CPU: <meter min="0" max="100" value="75" /></p>
  <p>メモリ: <meter value="566" max="2000"></meter></p>
  <p>ディスク: <meter value="0.75"></meter></p>
</section>
```

【実行結果】meter

リソースの使用状況

CPU:
メモリ:
ディスク:

メニューを作成する　　　　　　　　　　　　　　　　menu

menu要素は、コマンドのリストを表します。

menu要素の中には、button要素やcommand要素を配置してメニューを作成するために使います。ただし、本書執筆時点ではほぼすべてのユーザーエージェントで完全には実装されていません。

menu要素はネストすることができ、子要素はサブメニュー項目になります。

メニューの種類はtype属性で指定します。値は次の表のいずれかです。

表5.5　menu要素のtype属性

名前	解説
context	コンテキストメニュー（マウスを右クリックすると表示されるなど）。
list	コマンドのリストを表示する。
toolbar	ツールバーを作成する。

文字と文

コマンドを指定する　　　　　　　　　　　　　　　command

command 要素は、ユーザーが呼び出すことができるコマンドを表します。

一般的には、command 要素は menu 要素の中で使ってコンテキストメニューやツールバーなどを作成するために使います。ただし、本書執筆時点ではほぼすべてのユーザーエージェントで完全には実装されていません。

コマンドの種類は type 属性で指定します。値は次の表のいずれかです。

表5.6　command要素のtype属性

名前	解説
checkbox	切り替え（トグル）可能な選択肢。
command	関連のアクションを伴う通常のコマンド。
radio	項目リストからひとつ選択。

コマンドの名前は label 属性で指定します。label 属性は必須で、空文字列ではない値を指定しなければなりません。

そのコマンドを説明するヒント文字列は title 属性で指定し、ユーザーがカーソルをコマンドの上に停止したようなときに表示することができます。

そのコマンドを表すアイコンは、icon 属性に URL で指定します。

disabled 属性は論理属性で、この属性を指定すると、そのコマンドは利用できなくなります。

checked 属性は論理属性で、type 属性が checkbox 状態か radio 状態のいずれかのときに選択されていることを示すチェック状態を表します。

radiogroup 属性は、コマンドのグループの名前を指定します。

> **MEMO**

5.4 MathML

簡便な表現が難しい数式や化学式などは、MathML を使うほうが適切である場合があります。

MathML の概要

MathML は、Mathematical Markup Language の略です。Mathematical（数学の）が表すように、本来は複雑な数式を表現することも可能であるように考えられた、XML の仕様に従う記述言語です。

HTML5 では、MathML 名前空間の math 要素を使って数式を表現することができます。また、図形を伴わない化学式（組成式）など、他の多くの複雑な式にも応用することができます。ただし、すべてのユーザーエージェントが MathML を完全にサポートしているわけではありません。

MathML を使うためには、math 要素に次のように MathML の名前空間を指定します。

```
<math xmlns="http://www.w3.org/1998/Math/MathML">
```

MathML について完全に解説することは本書の範囲を超えます。ここでは、HTML5 のドキュメントで MathML を使うために知っておいたほうがよいことを簡潔に解説します。

数式を表現する　　　　　　　　　　　　　　　　　　　　　　　　math

math 要素は数式を表現することを目的とした HTML5 の要素です。

最初に、math 要素を使った例をいくつか示します。

最初の例は、分数の式を表現する math 要素の例です（各要素については後述）。

```
<math xmlns="http://www.w3.org/1998/Math/MathML">
  <mfrac>
    <mrow>
      <mi>a</mi>
```

```
      <mo>+</mo>
      <mn>b</mn>
    </mrow>
    <mn>2</mn>
  </mfrac>
</math>
```

これで表現される式は次のようなものです。

【実行結果】math（MathML による分数の式）

$$\frac{a+b}{2}$$

これを math 要素を使った典型的な HTML ドキュメントとした例を次に示します。

```
<!DOCTYPE html>

<html lang="ja" xmlns="http://www.w3.org/1999/xhtml" >
<head>
  <meta charset="utf-8" />
  <title>分数の式</title>
</head>
<body>

  <h3>分数の式</h3>
  <br />
  <p style="font-size:x-large">
    <math xmlns="http://www.w3.org/1998/Math/MathML">
      <mfrac>
        <mrow>
          <mi>a</mi>
          <mo>+</mo>
          <mn>b</mn>
        </mrow>
        <mn>2</mn>
      </mfrac>
    </math>
  </p>
</body>
</html>
```

5.4 MathML

この段階でこのドキュメントについて詳しく理解する必要はありません。ここでは、math 要素を使って数式を記述するときの基本構造が次のようなものであることを知っておいてください。

```
<math xmlns="http://www.w3.org/1998/Math/MathML">

  <!-- MathMLによる数式表現 -->

</math>
```

次の例は、HTML ドキュメントの中で MathML を使って二次方程式を表す例です。

```
<!DOCTYPE html>

<html lang="ja" xmlns="http://www.w3.org/1999/xhtml" >
<head>
  <meta charset="utf-8" />
  <title>二次方程式</title>
</head>
<body>

  <h3>二次方程式</h3>
  <p>
   <math xmlns="http://www.w3.org/1998/Math/MathML">
    <mi>x</mi>
    <mo>=</mo>
    <mfrac>
     <mrow>
      <mo form="prefix">-</mo> <mi>b</mi>
      <mo>±</mo>
      <msqrt>
       <msup> <mi>b</mi> <mn>2</mn> </msup>
       <mo>-</mo>
       <mn>4</mn> <mo>?</mo> <mi>a</mi> <mo>?</mo> <mi>c</mi>
      </msqrt>
     </mrow>
     <mrow>
      <mn>2</mn> <mo>?</mo> <mi>a</mi>
```

文字と文

```
        </mrow>
      </mfrac>
    </math>
  </p>

</body>
</html>
```

【実行結果】math（MathML による二次方程式）

二次方程式

$$x = \frac{-b \pm \sqrt{b^2 - 4ac}}{2a}$$

MathML の主な要素

MathML の主な要素を表に示します。詳細は http://www.w3.org/TR/MathML2/ を参照してください。

表5.7 MathMLの主な要素

要素名	解説	例
math	ManthML の要素を記述する。	
mfrac	分数を表す。	`<mfrac><mi>a</mi><mn>2</mn></mfrac>`
mi	識別子（Identifier）。	`<mi>a</mi>`、`<mi>b</mi>`
mn	数（Number）。	`<mn>2</mn>`
mo	演算子、かっこ、セパレータ、アクセント。	`<mo form="prefix">−</mo>`、`<mo>±</mo>`
mrow	式の一部をグループ化する。	
msqrt	ルートを表示する。	`<msqrt> 5 </msqrt>`
msub	階乗の添え字を書く。	`<msup><mi> y </mi><mi> x </mi></msup>`
msup	分数を表示する。	`<msup> <mi>b</mi> <mn>2</mn> </msup>`

第6章

グラフィックス

ここでは、HTML で表示または表現できるグラフィックスに関することを解説します。

6.1 HTMLのグラフィックス

以前のHTMLはimg要素で既存のイメージファイルを表示できるだけでした。HTML5になってHTMLドキュメントを表示する際にグラフィックスを描くことができるcanvas要素が追加されました。

HTMLのイメージ

HTMLには、以前から<img>タグがあって、img要素のsrc属性にファイル名を指定することでイメージ（画像）を表示することができました。HTML5でもこの方法は有効です。

ページの背景に画像を表示するときには、CSSのstyle要素のbackground-image属性を使います。従来のHTMLで使われたbody要素のbackground属性に背景画像を指定する方法は、HTML5では使えません。具体的な例は「6.2 イメージ」で解説します。

HTML5のcanvas要素

HTML5には、図形を描くこと（描画すること）ができるcanvas要素が追加されました。canvas要素には線や円だけでなく、文字列やイメージなども描くことができます。詳しくは「6.3 canvas」で解説します。

SVG

XMLをベースとした、2次元ベクターイメージ用の画像形式の1つであるSVG（Scalable Vector Graphics）の仕様は、W3Cによって標準化され、アニメーションやユーザインタラクションもサポートされています。

この章では取り上げない動画については、「第7章 オーディオとビデオ」を参照してください。

6.2 イメージ

HTMLでは、比較的以前から静止画像(イメージ)の表示をサポートしていました。ただし、HTML5になっていくつかの重要な変更が行われいてるので注意する必要があります。

背景画像を表示する　　　　style の background-image

ページの背景に画像を表示するときには、CSS の style 要素の background-image 属性を使います。

従来よく使われた body 要素の属性に「background="image.jpg"」のような形式で背景画像を指定する方法は、HTML5 では使えません。

CSS については「第3章　CSS」で解説していますが、背景画像を表示するためにここで知っておくべきことは、style 要素の background-image 属性にファイル名を指定するということだけです。

次の例は、背景にイメージファイルを表示する例です。

```
<head>
  <meta charset="utf-8" />
  <title>imgのサンプル</title>
  <style>
    body {
      background-image: url(backimg.jpg);
    }
  </style>
</head>
<body>

  <h2>背景画像を表示する例</h2>
  <p>HTML5では、&#60;body background="image.gif"&#62のような形式は使いません。</p>

</body>
```

【実行結果】background-image 属性（ページに背景画像を表示）

セクションの背景画像を表示する　section、style の background-image

ページ全体ではなく、ページの中のセクションに背景画像を設定するときには、CSS の style 要素の background-image 属性を使います。

次の例は、セクションの背景画像を表示する例です。

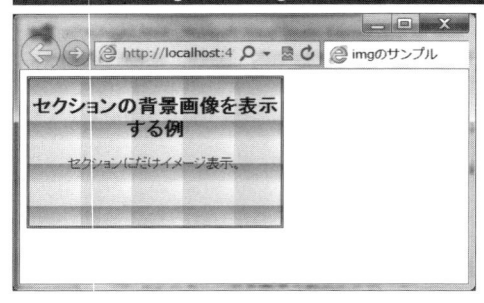

```
<section style="background-image: url(back.jpg);
    border:double;width:300px;height:180px">
  <h2>セクションの背景画像を表示する例</h2>
  <p>セクションにだけイメージ表示。</p>
</section>
```

【実行結果】background-image 属性（セクションの背景画像を表示）

画像を表示する　img

img 要素は、ページの中の任意の場所に画像（イメージ）を表示する要素です。表示する画像は src 属性で指定します。画像が読み込めないなどで表示でき

ないときに代わりに表示する文字列は alt 属性で指定します。

次の例は、img 要素の例です。

```
<h2>画像を表示する例</h2>
<img src="beach.jpg" alt="image" />
<p>きれいだな〜</p>
```

【実行結果】img

画像を表示する例

きれいだな〜

イメージマップを作成する　　　　　　　　　　　　　　　　map

　map 要素は、map 要素の内容として記述する area 要素と組み合わせてイメージマップを定義します。通常は、ユーザーがイメージの特定の部分をクリックすると、それに適した表示あるいは反応をするように作成します。

　「イメージマップのハイパーリンク領域を設定する（area）」も参照してください。

　次の例は、map を使ってイメージによるメニューを作成した例です。ユーザーは、たとえば、ヘッダー部分のイメージの「潜る」という領域をクリックすると、それに関連したページが表示されます。

```
<header>
  <img src="./mymenu.jpg"
    alt="[泳ぐ]、[潜る]、[食べる]から選ぶ"
    usemap="#NAV" />
```

グラフィックス

```
  </header>

  <section>
    <img src="beach.jpg" alt="image" />
    <p>きれいだな〜</p>
  </section>

  <footer>
    <map name="NAV">
      <a href="./swim.html">泳ぐ</a>
      <area alt="泳ぐ" coords="0,0,54,25" href="./swim.html" /> |
      <a href="./dive.html">潜る</a>
      <area alt="潜る" coords="55,0,108,25" href="./dive.html" /> |
      <a href="./eat.html">食べる</a>
      <area alt="食べる" coords="109,0,173,25" href="./eat.html" /> |
    </map>
  </footer>
```

【実行結果】map、area

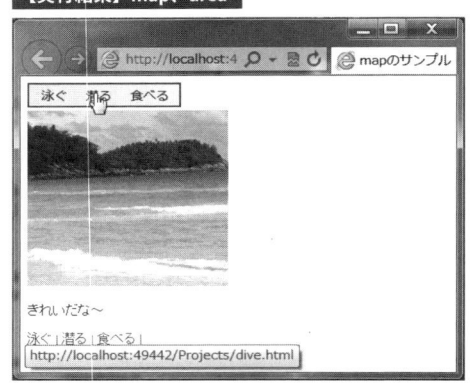

イメージマップのハイパーリンク領域を設定する　　area

area 要素は、表示したイメージの特定の領域を認識してハイパーリンクを設定できるようにします。

次の例では、mymenu.jpg という名前のイメージが NAV という名前の map 要素を参照し、map 要素では、座標が (0, 0, 54, 25) で規定される領域の内部がクリッ

クされると swim.html にリンクし、(55, 0, 108, 25) では dive.html にリンクし、(109, 0, 173, 25) では eat.html にリンクします。

```
<img src="./mymenu.jpg" alt="[泳ぐ]、[潜る]、[食べる]から選ぶ" usemap="#NAV" />
    :
<map name="NAV">
  <a href="./swim.html">泳ぐ</a>
  <area alt="泳ぐ" coords="0,0,54,25" href="./swim.html" /> |
  <a href="./dive.html">潜る</a>
  <area alt="潜る" coords="55,0,108,25" href="./dive.html" /> |
  <a href="./eat.html">食べる</a>
  <area alt="食べる" coords="109,0,173,25" href="./eat.html" />
</map>
```

「イメージマップを作成する（map）」を参照してください。

6.3 canvas

HTML5 には、図形を描くこと（描画すること）ができる canvas 要素が追加されました。canvas 要素には線や円だけでなく、文字列やイメージなども描くことができます。

canvas への描画

HTML5 の canvas 要素は、グラフィックスを描くことができる、文字通りのキャンバス（日本語ではカンバス、画布ともいう）オブジェクトです。img 要素と異なるのは、あらかじめ作成されている画像（イメージ）を表示するのではなく、コードで任意の図形や模様などを描くことができるという点です。

HTML5 で canvas 要素が導入されたことによって、HTML5 がまさにアプリの開発言語（環境）としての条件を備えたといえるでしょう。

グラフィックス

　描画の準備として行うべきことは、canvas 要素の描画コンテキストを取得するということです。描画コンテキストとは、canvas 要素に実際に描画するために必要なもので、概念を詳しく説明することは本書の範囲を超えます。ここでは、ウィンドウベースのプログラミングではほとんど常にコンテキストが使われ、コンテキストというオブジェクトに対して何かを描くための描画メソッドを作用させることで描くというのが常套手段である、ということを覚えておきましょう。

　canvas 要素の座標系は、左上を原点（0, 0）とする、他の多くのグラフィックスプログラミングと同じ座標系です。また、何かを描くための描画メソッドや描画のための設定をするためのプロパティなどの名前や引数なども、他のグラフィックスプログラミングと似ています。ですから、他の言語でグラフィックスプログラミングを行ったことがあれば、すぐに活用できるようになるでしょう。

　なお、canvas 要素には、図形はもちろん、テキストや画像も描くことができます。しかし、本当に必要な場合に限って適切に使用するべきです。その理由は、グラフィックスの描画にはほかの方法よりもシステムのリソースを消費することと、たとえば見出しのように h1 〜 h6 要素で表示とともにその意味を表現できる場合にはそちらを使うべきだからです。

図形を描く　　　　　　　　　　　　　　　　　　　　　　　　canvas

　canvas 要素はグラフィックスを描くための描画オブジェクトです。
　一般的には、適切な位置に配置して、id 属性で ID を指定するだけで使うことができます。

```
<canvas id="canvas1" />
```

必要なら、style 属性で境界線や幅と高さなどを指定することもできます。

```
<canvas id="canvas1" style="border:solid 1px; width:300px; height:200px " />
```

　また、canvas 要素をサポートしないユーザーエージェントもまれにある可能性もあるので、次のように記述しておくことも考慮するよいでしょう。

```
if (!window.HTMLCanvasElement) {
  alert("canvas要素をサポートするユーザーエージェントが必要です。");
}
```

あるいは、次のように記述するのも有効です。

```
<canvas id="canvas1">
  canvas要素をサポートするユーザーエージェントが必要です。
</canvas>
```

実際の描画は、JavaScript を使って行います。

描画の準備として、最初に描画コンテキストを取得します。描画コンテキストを取得するための典型的な JavaScript のコードは次の通りです。

```
// IDを指定してcanvasオブジェクトを取得する
var canvas = document.getElementById('canvas1');
// canvasの2次元描画コンテキストを取得する
var context = canvas.getContext('2d');
```

以降、この context に対して、線や画像を描くための適切なメソッドを適用して、グラフィックスを描きます。

たとえば、四角形を描くときには次のようにします。

```
context.strokeRect(10, 10, 50, 50);
```

また、たとえば、中を塗りつぶした四角形を描くときには次のようにします。

```
context.fillRect(110, 10, 50, 50);
```

線を描くための色や太さを指定するには、context の適切なプロパティに値を設定します。

```
context.lineWidth = 2;         // 線の太さは2
context.strokeStyle="blue" ;   // 線の色は青
```

したがって、canvas 要素に描画するために必要な知識は、context を取得す

ることと、何かを描いたり設定したりするために必要な context のメソッドとプロパティを知ることです（後述）。

HTML ドキュメントとして全体は次のようになります。

```html
<!DOCTYPE html>
<!-- canvassample.html -->
<html lang="ja" xmlns="http://www.w3.org/1999/xhtml" >
<head>
  <meta charset="utf-8" />
  <title>canvasのサンプル</title>
</head>
<body>

  <canvas id="canvas1"
          style="border:solid 1px; width:300px; height:200px " />

  <script type="text/javascript">
    //描画コンテキストの取得
    if (!window.HTMLCanvasElement) {
      alert("canvas要素をサポートするユーザーエージェントが必要です。");
    }
    var canvas = document.getElementById('canvas1');
    var context = canvas.getContext('2d');
    context.lineWidth = 2;          // 線の太さは2
    context.strokeStyle = "blue";   // 線の色は青
    context.strokeRect(10, 10, 50, 50);
    context.fillRect(110, 10, 50, 50);
  </script>

</body>
</html>
```

実行結果は次のようになります。

【実行結果】canvas

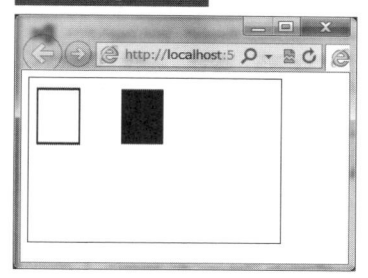

contextのプロパティとメソッド

すでに説明したように、canvas要素に描画するために必要な知識は、contextを取得することと、何かを描いたり設定したりするために必要なcontextのメソッドとプロパティを知ることです。ここでは、contextに関するプロパティとメソッドを簡潔に解説します。プロパティは、現在の設定値を取得することもできます。

contextのプロパティ

プロパティ	説明
fillStyle	塗りつぶしのスタイルを指定する。
font	フォントを指定する。
globalAlpha	レンダリング処理に適用する現在のアルファ値を指定する。
globalCompositeOperation	図形や画像を現存するビットマップ上に描画する方法を決定する合成処理の方法を指定する。
lineCap	ラインキャップスタイル（線の端部のスタイル）をbutt、round、squareのいずれかで指定する。
lineJoin	線接続スタイルをbevel、round、miterのいずれかで指定する。
lineWidth	線の幅を指定する。
miterLimit	マイター限界比率を指定する。
shadowBlur	影に適用する「ぼかし」のレベルを指定する。
shadowColor	影の色を指定する。

グラフィックス

プロパティ	説明
shadowOffsetX	影の X 方向のオフセットを指定する。
shadowOffsetY	影の Y 方向のオフセットを指定する。
strokeStyle	線のスタイルを指定する。指定可能な値は、CSS カラーを含んだ文字列か、CanvasGradient や CanvasPattern オブジェクト。
textAlign	テキストのアラインメントを start、end、left、right、center のいずれかで指定する。
textBaseline	ベースライン・アラインメントを top、hanging、middle、alphabetic、ideographic、bottom のいずれかで指定する。

context のメソッド

メソッド	説明
addColorStop(offset, color)	指定した offset におけるグラデーションに、指定した color を使ったカラー stop を追加する。
arc(x, y, radius, startAngle, endAngle [, anticlockwise])	円弧または円を描く。
arcTo(x1, y1, x2, y2, radius)	現在のペン位置から 2 点を通る円弧を描く。
beginPath()	現在のパスをリセットする。
bezierCurveTo(cp1x, cp1y, cp2x, cp2y, x, y)	現在のパスに指定された地点を加え、指定された制御点を伴う三次ベジェ曲線を使って、直前の地点に接続する。
clearRect(x, y, w, h)	canvas 要素上の指定された矩形のすべてのピクセルを透明な黒にクリアする。
clip()	指定されたパスに追加のクリッピング領域を制約する。呼び出される直前までに生成されたサブパスの図形で切り取り窓がセットされるとみなせる。
closePath()	現在のサブパスを閉じていると記録し、その閉じたサブパスの開始と終了と同じ地点で、新たなサブパスを開始する。
createImageData(sw, sh)	指定されたサイズのイメージデータを作成する。

6.3 canvas

メソッド	説明
createImageData(imagedata)	指定されたイメージデータと同じサイズのイメージデータを作成する。
createLinearGradient(x0, y0, x1, y1)	引数で表される座標から得られる直線に沿って描く線形グラデーションを表すCanvasGradientオブジェクトを返す。
createPattern(image, repetition)	指定されたイメージとrepetition引数に指定された向きの繰り返しを使うCanvasPatternオブジェクトを返す。
createRadialGradient(x0, y0, r0, x1, y1, r1)	引数で表される円から得られる円錐に沿って描く円形グラデーションを表すCanvasGradientオブジェクトを返す。
drawFocusRing(element, x, y, [canDrawCustom])	プラットフォームの慣例に従い、現在のパスの周りにフォーカスリングを描画する。特定の位置にユーザーの注意を引く必要がある場合に指定された座標が使われる。canDrawCustom引数がtrueの場合、ユーザーが自身のシステムで特定の方法でフォーカスリングを表示する設定にしているなら、フォーカスリングが描かれるだけ。
drawImage(image, dx, dy)	canvas要素に指定されたイメージを描画する。
drawImage(image, dx, dy, dw, dh)	canvas要素に指定されたイメージを描画する。
drawImage(image, sx, sy, sw, sh, dx, dy, dw, dh)	canvas要素に指定されたイメージを描画する。
fill()	現在の塗りつぶしスタイルで、サブパスを塗りつぶす。
fillRect(x, y, w, h)	指定された矩形を、現在の塗りつぶしスタイルを使って、塗りつぶす。
fillText(text, x, y [, maxWidth])	指定されたテキストを指定された位置に塗りつぶす。maxWidthを指定するとそこに収まるように伸縮される。
getImageData(sx, sy, sw, sh)	指定された矩形に対するイメージを含んだImageDataオブジェクトを返す。
isPointInPath(x, y)	指定された地点が現在のパスの中にあるならtrueを返す。

267

グラフィックス

メソッド	説明
lineTo(x, y)	現在のパスに指定された地点を加え、直前の地点から現在の地点に直線を描く。
measureText(text)	現在のフォントにおける指定テキストの長さを持った TextMetrics オブジェクトを返す。
moveTo(x, y)	指定された地点で新規のサブパスを生成する。
putImageData(imagedata, dx, dy [, dirtyX, dirtyY, dirtyWidth, dirtyHeight])	指定された ImageData オブジェクトのデータを描画する。dirty 矩形を指定すると、その矩形のピクセルだけが描画される。
quadraticCurveTo(cpx, cpy, x, y)	現在のパスに指定された地点を加え、指定された制御点を伴う二次ベジェ曲線を描く。
rect(x, y, w, h)	既存のパスに、指定された矩形を表す閉じたサブパスを新たに追加する。
restore()	スタックの最後の状態を抜き出し、その状態をコンテキストに復元する。
rotate(angle)	指定された回転の値で回転変形を適用して、変換マトリックスを変更する。
save()	現在の状態をスタックの最後に加える。
scale(x, y)	指定された倍率で伸縮変形を適用して、変換マトリックスを変更する。
setTransform(m11, m12, m21, m22, dx, dy)	引数に指定されたマトリックスに変換マトリックスを変更する。
stroke()	現在のストロークスタイルを使って、サブパスに線を描く。
strokeRect(x, y, w, h)	現在の輪郭描画スタイルを使って指定された四角形を描く。
strokeText(text, x, y [, maxWidth])	指定されたテキストを指定された位置に輪郭描画する。maxWidth を指定するとそこに収まるように伸縮される。
transform(m11, m12, m21, m22, dx, dy)	引数に指定されたマトリックスを適用して、変換マトリックスを変更する。
translate(x, y)	指定された性質を使って移動変形を適用して、変換マトリックスを変更する。

context のメソッドの引数

引数	解説
angle	角度（時計回りの回転角をラジアンで表した値）。
anticlockwise	true なら反時計回り、false なら時計回り。
color	CSS 色。
cp1x, cp1y	サブパスを定義する最初の点。
cp1x, cp1y	制御点 1。
cp2x, cp2y	制御点 2。
cpx, cpy	現在のパスの座標。
dirtyWidth, dirtyHeight	影響を受ける矩形の幅と高さ。
dirtyX, dirtyY	影響を受ける X 座標と Y 座標。
dw, dh	ディスティネーションの幅と高さ。
dx, dy	ディスティネーションの左上の座標。
endAngle	円弧の開始角度（円を描くなら 360）。
h, w	高さと幅。
image	イメージ。
imagedata	イメージデータ。
maxWidth	描画されるときの最大の幅。
offset	オフセット（0.0 ～ 1.0）。
r	半径。
r0	最初の半径。
r1	二番目の半径。
radius	半径。
repetition	繰り返しの向き。repeat（両方向）、repeat-x（水平方向のみ）、repeat-y（垂直方向のみ）、no-repeat（なし）のいずれか。
startAngle	円弧の開始角度（円を描くなら 0）。
sw, sh	ソースの幅と高さ。
sw, sh	矩形の幅と高さを表す（作成される ImageData オブジェクトの矩形）。
sx, sy	（作成されるオブジェクトの）X 座標と Y 座標。
sx, sy	ソースの左上の座標。
text	テキスト。
x, y	X 座標と Y 座標。
x0, y0	開始点。

グラフィックス

引数	解説
x1, y1	終点。
x2, y2	通過点。

canvas 描画の例

以下に、canvas 要素に描画する例を示します。コメントやテキスト、実行結果を見ることで、canvas 要素のプロパティやメソッドの使い方を知ることができます。

```
<span>
  <canvas id="canvas1" style="border:solid 1px; top:10px; left:10px;
    width:400px; height:210px " />
</span>
<span>
  <canvas id="canvas2"  />
</span>

<!-- 左側に図形を表示 -->
<script type="text/javascript">
  //描画コンテキストの取得
  if (!window.HTMLCanvasElement) {
    alert("canvas要素をサポートするユーザーエージェントが必要です。");
  }
  var canvas = document.getElementById('canvas1');
  var ctx = canvas.getContext('2d');
  ctx.lineWidth = 1;          // 線の太さは1
  ctx.strokeStyle = "blue"; // 線の色は青
  ctx.strokeRect(10, 10, 50, 50);   // 矩形
  ctx.fillRect(110, 10, 50, 50);    // 塗りつぶした矩形
  ctx.beginPath();
  ctx.arc(210, 30, 20, 0, 2 * Math.PI);  // 円
  ctx.stroke();
  ctx.font = "12px 'ＭＳ Ｐゴシック'"; // フォントを指定
  ctx.strokeStyle = "blue";   // 色を指定
  ctx.strokeText("青色でstrokeText", 10, 100);
  ctx.fillText("fillText()で描いたテキスト", 10, 120);
</script>
```

```
<!-- 右側にイメージを表示 -->
<script type="text/javascript">
  onload = function () { // ロードされたらdraw()実行
    draw();
  };
  function draw() {
    var canvas = document.getElementById('canvas2');
    if (!canvas || !canvas.getContext) {
      alert("canvas Error!");
      return false;
    }
    // Imageオブジェクトを作成する
    var img = new Image();
    img.src = "beach.gif";
    var ctx = canvas.getContext('2d');
    // イメージがロードされた描画する
    img.onload = function () {
      ctx.drawImage(img, 0, 0);
    }
  }
</script>
```

【実行結果】canvas

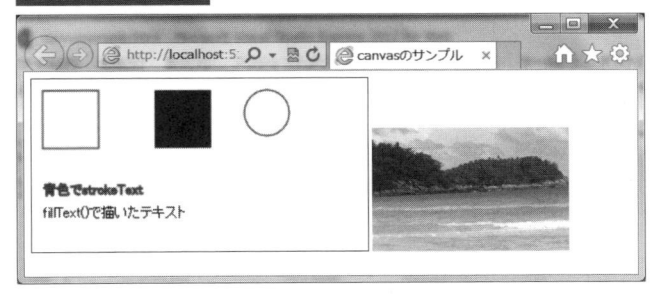

6.4 SVG

　HTML5 では、ドキュメントの中で SVG 要素を使ってグラフィックスを表示することができます。

グラフィックス

SVG の概要

SVG（Scalable Vector Graphics）は、XML をベースとした、2次元ベクターイメージ用の画像形式の1つです。単にイメージを描くだけでなく、文字列やアニメーションの表示、ユーザーの操作への応答もサポートしています。

SVG が HTML5 の canvas 要素への描画と決定的に違うことは、JavaScript などを使わなくても、HTML の要素だけで、canvas 要素を使って記述するより高度なことを記述することができるという点でしょう。

最初に、ただ塗りつぶした四角形を描くだけのシンプルな HTML ドキュメントの例を見てみましょう。

```
<!DOCTYPE html>

<html lang="ja" xmlns="http://www.w3.org/1999/xhtml" >
<head>
  <meta charset="utf-8" />
  <title>SVGのサンプル</title>
</head>
<body>

  <h3>SVGによる矩形</h3>
  <svg><rect height="50" width="50" /></svg>

</body>
</html>
```

実行すると、次のように表示されます。

【実行結果】単純な SVG による図形

SVGによる矩形

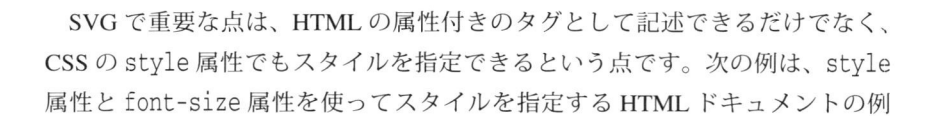

SVG で重要な点は、HTML の属性付きのタグとして記述できるだけでなく、CSS の style 属性でもスタイルを指定できるという点です。次の例は、style 属性と font-size 属性を使ってスタイルを指定する HTML ドキュメントの例

です。

```
<h3>SVGによる矩形</h3>
<svg>
  <rect height="50" width="50" style="fill:aqua;">
  <text x="2" y="80" font-size="18pt">SVGで描いたテキスト</text>
</svg>
```

実行すると、次のように表示されます。

【実行結果】スタイルを指定した SVG による描画

SVGによる矩形

SVGで描いたテキスト

SVGの現行の仕様は、Scalable Vector Graphics (SVG) 1.1 (W3C Recommendation 16 August 2011) です。そして、現在、SVG 2 が開発中であり、これが本流になるでしょう。この章の残りの部分では、主に Scalable Vector Graphics (SVG) 2 (W3C Working Draft 18 June 2013) に関連して概説します。

SVG の要素

SVG の要素には、次のようなものがあります。

表6.1 SVGの要素

要素	解説
a	SVG 要素の周りにリンクを作成する。
altGlyphDef	グリフに設定する置換を指定する。
animate	要素の属性が時間とともに変化するように指定する。
animateColor	要素の色属性が時間とともに変化するように指定する。
animateMotion	要素の動きが時間とともに変化するように指定する。
animateTransform	要素の変形が時間とともに変化するように指定する。
circle	円を指定する。

グラフィックス

要素	解説
clipPath	クリッピングのされかたを指定する。
color-profile	カラープロファイル記述を指定する。
cursor	プラットフォームに依存しないカスタムカーソルを指定する。
defs	参照される要素を記述する。要素は表示されない。
desc	ヒントやツールチップなどとして表示するテキストによる説明を指定する。
ellipse	楕円を描く。
filter	フィルタを指定する。
font	フォントを指定する。
font-face	フォントのフェースを指定する。
foreignObject	グラフィックの描画に svg 要素以外の要素を使うことを指定する。
g	要素をグループする。
image	画像を指定する。
line	線を描画する。
linearGradient	線形グラデーションを指定する。
marker	線の頂点や端部に付加する図形（マーカー）を指定する。
mask	マスクを指定する。
metadata	メタデータを指定する。
path	パスを指定する。
pattern	塗りつぶしパターンを指定する。
polygon	少なくとも三つの辺が含まれる図形を描く。
polyline	直線だけで描かれる任意の形状を描く。
radialGradient	放射状のグラデーションを指定する。
rect	矩形を指定する。
script	スクリプトを記述する。
scriptref	参照するスクリプトを記述する。
set	アニメーションで指定した期間内の属性値を設定する。
style	スタイルシートを直接埋め込む。
svg	SVG ドキュメントフラグメントを作成する。
switch	svg 要素の描画のレンダリング内容の変更を指定する。
symbol	use 要素で参照される図形を指定する。
text	テキストを描く。
title	ヒントやツールチップなどとして表示するタイトル（表題）を指定する。

要素	解説
use	参照する要素の内容をもとに新しい図形を描画する。
view	表示範囲（ビュー）を指定する。

　これらの大半はHTMLやCSSと関連しているので、いくつかは説明なしで使うことができるでしょう。また、詳細はhttp://www.w3.org/TR/SVG2/ で検討されている段階ですのでそちらを参照してください。

　ここでは、単純な例を示します。次の例は、3種類のSVG要素を表示するHTMLファイルの例です。

```
<!DOCTYPE html>

<html lang="ja" xmlns="http://www.w3.org/1999/xhtml">
<head>
  <meta charset="utf-8" />
  <title>SVGサンプル</title>
</head>
<body>

<svg>
  <text y="30">SVGのサンプル</text>
  <rect y="50" x="10" width="100" height="70" stroke="black"
   stroke-width="1" fill="azure" />
  <ellipse cx="300" cy="100" rx="100" ry="50" />
</svg>

</body>
</html>
```

【実行結果】3種類のSVG要素を表示

SVGのサンプル

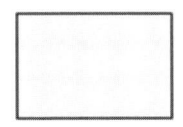

以下では、SVGに特有であるか特に重要な要素について取り上げます。

アニメーション要素

アニメーション要素（animation elements）は、アニメーションを表示する際に別の要素の属性か属性値を使うことができる要素です。

アニメーション要素には以下のものがあります。

　　animate、animateColor、animateMotion、animateTransform、discard、set

次の例は、四角形の色が赤から青に変わるアニメーションの例です。

```
<svg xmlns="http://www.w3.org/2000/svg" version="2.0">
  <text y="30">SVGのアニメーションのサンプル</text>
  <rect y="50" x="10" width="100" height="70" stroke="black" stroke-width="1"
  fill="red">
    <animateColor attributeName="fill" attributeType="CSS" fill="freeze"
    from="red" to="blue" dur="3s" begin="click" repeatCount="1"/>
  </rect>
</svg>
```

記述要素

記述要素（descriptive elements）は、その親に関する補足の記述的情報を提供する要素です。

記述要素には以下のものがあります。

　　desc、title、metadata

次の例は、記述要素を使った例です。実際の効果はユーザーエージェントによって異なります。

```
<svg>
  <text y="30">SVGのサンプル</text>
  <rect y="50" x="10" width="100" height="70" stroke="black"
  stroke-width="1" fill="azure">
    <desc>これは四角形</desc>
  </rect>
```

```
<ellipse cx="300" cy="100" rx="100" ry="50" >
  <title>長径100短径50の楕円</title>
</ellipse>
</svg>
```

ペイントサーバー要素

ペイントサーバー要素（paint server elements）は、特に、ハッチパターンやグラデーション、ソリッドカラーなどの描画のサーバーを定義する要素です。

ペイントサーバーとは、任意のところにあるリソースで定義されているオブジェクトのフィル（塗りつぶし）やストローク（一定の手順による描画）を可能にする手段です。ペイントサーバーを使うことで、ドキュメント全体にわたってリソースを再使用することが可能になります。

ペイントサーバー要素には以下のものがあります。

solidColor、linearGradient、radialGradient、meshGradient、pattern、hatch

次の例は、linearGradient要素でグラデーションを表現した長方形を描く例です。

```
<svg>
  <defs>
    <linearGradient id="gradient">
      <stop offset="0%" stop-color="black"/>
      <stop offset="50%" stop-color="lightblue"/>
    </linearGradient>
  </defs>
  <rect fill="url(#gradient)" x="10" y="10" width="250" height="50"/>
</svg>
```

【実行結果】linearGradient（グラデーションを表現した長方形）

シェイプ要素

シェイプ要素（shape elements）は、直線と曲線の組み合わせで定義されるグラフィックス要素です。

シェイプ要素には以下のものがあります。

circle、ellipse、line、path、polygon、polyline、rect

次の例は、polygon要素を使った例です。

```
<svg>
  <polygon points="10 30, 80 10, 200 55, 80 60" stroke="black" fill="none" />
</svg>
```

【実行結果】polygon

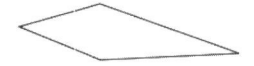

構造要素

構造要素（structural elements）はSVGのドキュメントの一次構造を定義するものです。

具体的には、次の要素が構造要素です。

defs、g、svg、symbol、use

フィルタ

SVGのフィルタは、SVGで描くオブジェクトに、ぼかしや影などの特殊効果を加えるために使います。

SVGの主なフィルタ要素を次の表に示します。

表6.2　SVGの主なフィルタ要素

要素名	説明
feFlood	矩形で塗りつぶすフィルタ。
feImage	外部の画像を参照するフィルタ。

feTile	画像をタイル状に描く。
feOffset	画像を平行移動して描く（影のような効果）。
feGaussianBlur	ガウスぼかしを行う。
feConvolveMatrix	畳み込みを行う。
feMorphology	侵蝕または膨張する。
feDisplacementMap	置換マップで空間的に変位する。
feComponentTransfer	RGB値とアルファ値を成分ごとに変換する。
feColorMatrix	RGB値とアルファ値を行列変換する。
feBlend	ブレンド（混色）する。
feMerge	画像を合成する。
feComposite	Porter-Duff合成で二つのイメージをピクセルごとに合成する。
feDiffuseLighting	散乱による照明効果を得る。
feSpecularLighting	反射による照明効果を得る。
feTurbulence	Perlin Turbulence（Perlinの乱流関数）を使った画像を生成する。
feDistantLight	遠隔光源。
fePointLight	点光源。
feSpotLight	スポットライト光源。

次の例は、feGaussianBlurフィルタを使った例です。

```
<svg>
  <defs>
    <filter id="f1" x="0" y="0">
      <feGaussianBlur in="SourceGraphic" stdDeviation="20" />
    </filter>
  </defs>
  <rect width="100" height="100" fill="blue" filter="url(#f1)" />
</svg>
```

【実行結果】feGaussianBlur フィルタ

グラフィックス

SVG の埋め込み

HTML の embed または object 要素を使って、SVG のコードだけを記述した単独の .svg ファイルを HTML ドキュメントに埋め込むことができます。

次の例は、SVG のコードだけを記述した単独の .svg ファイルの例です。

```
<?xml version="1.0" standalone="no"?>
<!-- sample.svg -->
<!DOCTYPE svg>

<svg xmlns="http://www.w3.org/2000/svg" version="2.0">
  <text y="30">SVGのサンプル(sample.svg)</text>
  <rect y="50" x="10" width="100" height="70" stroke="black"
  stroke-width="1" fill="azure" >
  </rect>
</svg>
```

次の例は、上記の .svg ファイルを読み込む HTML の例です。

```
<!DOCTYPE html>

<html lang="ja" xmlns="http://www.w3.org/1999/xhtml" >
<head>
  <meta charset="utf-8" />
  <title>サンプル</title>
</head>
<body>

  <h3>embedのサンプル</h3>
  <embed src="sample.svg" type="image/svg+xml" width="250" height="250" />

</body>
</html>
```

【実行結果】embed（.svg ファイルを読み込む）

embedのサンプル

SVGのサンプル(sample.svg)

> **MEMO**

グラフィックス

MEMO

第7章

オーディオとビデオ

ここでは、HTML5 で直接サポートされるようになったオーディオとビデオに関することを解説します。

オーディオとビデオ

7.1 HTML とマルチメディア

インターネットで音楽や映像を見ることは当然であるかのような時代になりましたが、HTML でマルチメディアが気軽に利用できるようになったのは、比較的最近です。

HTML におけるマルチメディア

初期のインターネットでは、事実上テキストしか閲覧できませんでした。それどころか、当時のきわめて高価なシステムであっても、音楽や映像などを扱うだけのリソース（CPU の能力、メモリ、グラフィックス機能、ネットワークで転送できる情報の速度など）が備わっていませんでした。

その後、これらのリソースが充実するにつれて、最初はローカルでオーディオやビデオが利用できるようになり、さらに、高速ネットワーク環境が整うにつれてインターネット上でもマルチメディアの利用ができるようになりました。

しかし、HTML5 より前のビデオやオーディオなどのマルチメディアは、プラグインなどの外部のプログラムを利用することで再生していました。プラグインなどの外部のプログラムは OS に依存しているため、特定の種類のビデオなどが特定の OS 上では再生できないなどの問題がありました。

HTML5 におけるマルチメディア

HTML5 では、audio 要素と video 要素が追加されました。これらの要素と関連する API を利用することで、メディアごとに異なるプラグインを使うことなく、ユーザーエージェントに備わっている HTML5 の標準の機能で音声や動画ファイルを再生したり、再生する際に制御することが可能です。

残念ながら、現時点ではオーディオもビデオも、サポートされる規格が統一されていません。しかし、Web で標準的に使われる静止画像の種類が事実上決まっているのと同じように、ユーザーエージェントがサポートするべきオーディオとビデオの規格も近い将来に決まるでしょう。

なお、アニメーションもマルチメディアの一部であると見なす立場もありま

すが、コンピュータの技術的観点やHTML5という点でアニメーションと呼ぶものと、世間でいわれているいわゆるアニメ（マンガ映像）とは異なります。HTML5にあるアニメーション関係の要素は、グラフィックスの要素のいくつか（たとえば、色、図形の形など）を時間の経過とともに変える技術を指します。SVGを利用したアニメーションについては、「6.4　SVG」で解説しています。

オーディオとビデオの MIME タイプ

オーディオとビデオの規格は、「タイプ名 / サブタイプ名」の形式の文字列で表されるMIMEタイプという形式で識別します。Webサーバーとユーザーエージェントはこの MIMEタイプでデータの形式を指定しています

表に示すように、MIMEタイプはオーディオの主なものでも膨大にあります。

表7.1　オーディオのMIMEタイプ

値	ファイルの拡張子	一般名
audio/32kadpcm		ADPCM
audio/amr		
audio/amr-wb		
audio/basic	au、snd	
audio/cn		
audio/dat12		
audio/dsr-es201108		
audio/dvi4		
audio/evrc		
audio/evrc0		
audio/g.722.1		
audio/g722		
audio/g723		
audio/g726-16		
audio/g726-24		
audio/g726-32		
audio/g726-40		
audio/g728		
audio/g729		

オーディオとビデオ

値	ファイルの拡張子	一般名
audio/g729D		
audio/g729E		
audio/gsm		
audio/gsm-efr		
audio/l16		
audio/l20		
audio/l24		
audio/l8		
audio/lpc		
audio/midi	mid、midi、kar	MIDI
audio/mp4a-latm		
audio/mpa		
audio/mpa-robust		
audio/mpeg	mpga、mp2、mp3	MP3
audio/parityfec		
audio/pcma		
audio/pcmu		
audio/prs.sid		
audio/qcelp		
audio/red		
audio/smv		
audio/smv0		
audio/telephone-event		
audio/tone		
audio/vdvi		
audio/vnd.3gpp.iufp		
audio/vnd.cisco.nse		
audio/vnd.cns.anp1		
audio/vnd.cns.inf1		
audio/vnd.digital-winds		
audio/vnd.everad.plj		
audio/vnd.lucent.voice		
audio/vnd.nortel.vbk		
audio/vnd.nuera.ecelp4800		

値	ファイルの拡張子	一般名
audio/vnd.nuera.ecelp7470		
audio/vnd.nuera.ecelp9600		
audio/vnd.octel.sbc		
audio/vnd.qcelp	qcp	
audio/vnd.rhetorex.32kadpcm		
audio/vnd.vmx.cvsd		
audio/x-aiff	aif、aiff、aifc	AIFF
audio/x-alaw-basic		
audio/x-mpegurl	m3u	
audio/x-ms-wax	wax	
audio/x-ms-wma	wma	WMA
audio/x-pn-realaudio	ram、rm	
audio/x-pn-realaudio-plugin	rpm	
audio/x-realaudio	ra	RA
audio/x-twinvq	vqf、vql	
audio/x-twinvq-plugin	vqe	
audio/x-wav	wav	WAVE

　特定のユーザーエージェントがこれらすべてをサポートする可能性は、将来においてもないでしょう。また、これらのうち、サブタイプがxで始まるものはまだ標準化されていない名前ですが、実際には頻繁に使われているものがあります。

　ビデオでも事情はほぼ同じで、膨大な種類のMIMEタイプの中から、いくつかが標準的なものとしてサポートされるようになるでしょう。ビデオの主なMIMEタイプを表に示します。

表7.2　ビデオのMIMEタイプ

値	ファイルの拡張子	一般名
video/bmpeg		
video/bt656		
video/celb		
video/dv		
video/h261		
video/h263		

オーディオとビデオ

値	ファイルの拡張子	一般名
video/h263-1998		
video/h263-2000		
video/jpeg		
video/mp1s		
video/mp2p		
video/mp2t		
video/mp4	mp4	MP4
video/mp4v-es		
video/mpeg	mpg、mpeg、mpe	MPEG
video/mpv		
video/nv		
video/ogg	ogv	Ogg
video/parityfec		
video/pointer		
video/quicktime	mov、qt	QuickTime
video/smpte292m		
video/vnd.fvt		
video/vnd.motorola.video		
video/vnd.motorola.videop		
video/vnd.mpegurl mxu m4u		
video/vnd.mts		
video/vnd.nokia.interleaved-multimedia		
video/vnd.objectvideo		
video/vnd.rn-realvideo	rv	
video/vnd.vivo		
video/webm	webm	WebM
video/x-mng	mng	
video/x-ms-asf	asf、asx	
video/x-msvideo	avi	AVI
video/x-sgi-movie	movie	
application/x-shockwave-flash	swf	Flash

7.2 オーディオ

音楽や音声などのオーディオは、audio要素を使って再生することができます。

オーディオを再生する   audio

オーディオは、HTML5のaudio要素を使って再生することができます。
最も単純な方法は、次のような空要素を記述する方法です。

```
<audio src="audio/sample.mp3" controls="controls" autoplay="autoplay" />
```

HTML5では実質的に空の属性でも値を指定する必要があることに注意してください。厳密にいえば、HTML5では次のようなタグは間違いです。

```
<audio src="audio/sample.mp3" controls autoplay />
```

HTML5のaudio要素を使えないユーザーエージェントにそのことを知らせる最も容易な方法は次のように記述することです。

```
<audio src="audio/sample.mp3" controls="controls" autoplay="autoplay" >
  audioを使用できません。
</audio>
```

JavaScriptを使うなら、HTMLAudioElementを使って次のように調べることができます（HTMLAudioElementについては、あとでまた説明します）。

```
if (!HTMLAudioElement)
  alert("audioが使用できません");
```

audio要素で指定できる主な属性を表に示します。特に属性値がない属性には、属性と同じ値を指定します（例：controls="controls" autoplay="autoplay" loop="loop"）。

表7.3 audio要素で指定できる主な属性

属性	解説
src	音声ファイルの URL。
controls	再生コントローラを表示する。
autoplay	自動再生を有効にするか。
loop	ループ再生するか。
preload	音声ファイルのロード方法（auto、metadata、none のいずれか）。

preload 属性の値は、次のいずれかです。

表7.4 preload属性の値

値	意味
auto	再生前にすべてのデータをロードする。
metadata	メタデータだけをあらかじめロードする。
none	再生まではロードしない。

次の例は audio 要素を使う例です。表示されるコントローラーの外観などは、ユーザーエージェントの種類によって異なります。

```
<h3>オーディオの再生</h3>
< audio src="audio/sample.mp3" controls="controls" autoplay="autoplay" />
```

【実行結果】audio

オーディオの再生

なお、サーバー側で複数の形式のオーディオファイルを用意できる場合には、次の例のように source 要素を使って複数のファイルを指定することができます。

```
<audio controls="controls" autoplay="autoplay" >
  <source src="./audio/sample.wav" />
  <source src="./audio/sample.mp3" />
  <source src="./audio/sample.ogg" />
```

```
    audioを再生できません。
</audio>
```

このようにしておくと、ユーザーエージェントは source 要素を記述されている順に調べて、ファイルが存在し、かつ、そのユーザーエージェントが利用可能であるファイルを再生します。いずれも再生できない場合には、「audio を再生できません。」と表示されます。

スクリプトでオーディオを再生する　　　　　　　　　　　script

audio 要素の controls 属性を利用するのは容易な方法ですが、ときにはそのユーザーインタフェースを使いたくない場合もあります。そのような場合は、JavaScript で Audio オブジェクトを操作することができます。

この方法は基本的には単純で、再生するファイルなどを引数に指定して Audio オブジェクトを作成し、play() メソッドで再生し、pause() メソッドで一時停止します。

```
// Audioオブジェクトを作成する
var ado = new Audio("audio/sample.mp3");
// 再生する
ado.play();
// 再生を一時停止する
ado.pause();
```

Audio の主なメソッドと主なプロパティを表に示します。

表7.5　Audioの主なメソッド

メソッド	解説
canPlayType(type)	指定した MIME タイプが再生可能な場合には "maybe" か "probably" を返す。そうでなければ空文字列を返す。
play()	再生する。
pause()	一時停止する。
load()	オーディオをロードする。

表7.6　Audioの主なプロパティ

プロパティ	解説
autoplay	自動再生の場合は true。
loop	ループ再生する場合は true。
muted	ミュートされているときには true。
preload	あらかじめロードするときには true。
src	再生するオーディオソース。

　実際のスクリプトでは、ユーザーエージェントがオーディオをサポートしているか（HTMLAudioElement が利用できるか）、あるいは指定した種類のファイルが再生できるかなどをチェックするコードを入れることが望ましいでしょう。

　たとえば、フォームのロード時に、HTMLAudioElement を調べて audio 要素が利用できるか、さらにそのとき再生したい MIMI タイプ（この例では audio/mp3）を再生できるか、Audio オブジェクトのメソッド canPlayType() でチェックします。

```
// Audioオブジェクトを作成する
var ado = new Audio("audio/sample.mp3");

    :

function loaded() {
  if (HTMLAudioElement) { // audioが利用できるか？
    if (ado.canPlayType("audio/mp3") == "")   // mp3をサポートしてない
      document.getElementById("msg").innerHTML = "audioを再生できません。";
    else
      document.getElementById("msg").innerHTML = "audioを再生できます。";
  }
  else
    document.getElementById("msg").innerHTML = "audioが利用できません";
}
```

　再生するには単に Audio.play() を実行するだけですが、コマンドボタンなどを配置するなら、[再生] ボタンを無効にして、[停止] ボタンを有効にするなど、適切なユーザーインタフェースを考慮したほうがよいでしょう。

```
function playClicked() {
```

```
  document.getElementById("play").disabled = true;
  document.getElementById("stop").disabled = false;
  ado.play();
  document.getElementById("msg").innerHTML = "audioを再生中";
}
```

再生を一時停止するときにも、Audio.pause() を実行するだけではなく、再生のときと同じような配慮を行います。

```
function stopClicked() {
  if (document.getElementById("play").disabled) {
    ado.pause();
    document.getElementById("msg").innerHTML = "audioを再生停止";
    document.getElementById("play").disabled = false;
    document.getElementById("stop").disabled = true;
  }
```

次の例はオーディオの再生を JavaScript で制御する HTML の例です。

```
<body onload="loaded()">

  <h3>オーディオの再生</h3>

  <style> input {
     width:80px;
    }
  </style>
  <p>
  <input type="button" id="play" value="再生" onclick="playClicked()" />
  <input type="button" id="stop" value="停止" onclick="stopClicked()" />
  </p>
  <script type="text/javascript">
    var ado = new Audio("audio/sample.mp3");
    function loaded() {
      if (HTMLAudioElement) { // audioが利用できるか?
        if (ado.canPlayType("audio/mp3") == "")   // mp3をサポートしてない
          document.getElementById("msg").innerHTML = "audioを再生できません。";
        else
          document.getElementById("msg").innerHTML = "audioを再生できます。";
      }
      else
```

オーディオとビデオ

```
        document.getElementById("msg").innerHTML = "audioが利用できません";
      }
      function playClicked() {
        document.getElementById("play").disabled = true;
        document.getElementById("stop").disabled = false;
        ado.play();
        document.getElementById("msg").innerHTML = "audioを再生中";
      }
      function stopClicked() {
        if (document.getElementById("play").disabled) {
          ado.pause();
          document.getElementById("msg").innerHTML = "audioを再生停止";
          document.getElementById("play").disabled = false;
          document.getElementById("stop").disabled = true;
        }
      }
    </script>
    <br />
    <div id="msg"></div>
  </body>
```

【実行結果】JavaScript でオーディオを制御

オーディオの再生

[再生]　[停止]

audioを再生中

MEMO

7.3 ビデオ

一般に動画と呼ばれるビデオの再生は、video 要素で行うことができます。

ビデオを再生する　　　　　　　　　　　　　　　　　　　video

ビデオ（動画ファイル）は、HTML5 の video 要素を使って再生することができます。

video 要素の使い方は基本的に audio 要素にとてもよく似ています。

最も単純な方法は、次のような空要素を記述する方法です。

```
<h3>ビデオの再生</h3>

<video src="video/sample.mp4" controls="controls" autoplay="autoplay" />
```

次の例は video 要素を使う例です。

```
<!DOCTYPE html>
<html lang="ja" xmlns="http://www.w3.org/1999/xhtml" >
<head>
  <meta charset="utf-8" />
  <title>マルチメディアのサンプル</title>
</head>
<body>

  <h3>ビデオの再生</h3>

  <video src="video/sample.mp4" controls="controls" autoplay="autoplay" />

</body>
</html>
```

オーディオとビデオ

【実行結果】video

ビデオの再生

video 要素についても、さまざまな点で audio 要素と同様のことがいえます。
まず、HTML5 では実質的に空の属性でも値を指定する必要があることに注意
してください。厳密にいえば、HTML5 では次のようなタグは間違いです。

```
<video src="video/sample.mp4" controls autoplay />
```

HTML5 の video 要素を使えないユーザーエージェントにそのことを知らせる
最も容易な方法は次のように記述することです。

```
<video src="video/sample.mp4" controls="controls" autoplay="autoplay" >
  videoを使用できません。
</video>
```

JavaScript を使うなら、HTMLVideoElement を使って次のように調べることが
できます。

```
if (!HTMLVideoElement)
  alert("Videoが使用できません");
```

video 要素で指定できる主な属性を表に示します。特に属性値がない属性
には、属性と同じ値を指定します（例：controls="controls" autoplay=
"autoplay" loop="loop"）。

296

表7.7　video要素で指定できる主な属性

属性	解説
src	音声ファイルのURL。
controls	再生コントローラを表示する。
autoplay	自動再生を有効にするか。
loop	ループ再生するか。
preload	音声ファイルのロード方法（auto、metadata、noneのいずれか）。
poster	動画がない場合に表示させる画像ファイルを指定する。
width	幅を指定する。
height	高さを指定する。

ビデオだけを再生する　　　　　　　　　　　　　　　　video

video要素のcontrols属性を利用するのは容易な方法ですが、ときにはコントローラーを表示したくなかったり、独自の操作ボタンや追加で情報を表示したい場合などもあります。

コントローラーを表示せずにビデオだけを再生したい場合は、video要素にcontrols属性を指定しません。なお、このようなときには、動画が再生できない場合に代わりに表示されるイメージをposter属性に指定しておくとよいでしょう。

```
<video src="video/sample.mp4" autoplay="autoplay" poster="sample.jpg" />
```

【実行結果】コントローラーを表示しないビデオ再生

ビデオの再生

スクリプトでビデオを再生する　　　　　　　　　　script

さらに、JavaScript で Video オブジェクトを操作することができます。

最も基本的な方法としては、再生するファイルを src 属性に指定して video 要素を用意しておいて、play() メソッドで再生します。

```
<video id="vdocntrl" src="video/sample.mp4" oncanplaythrough="play()" />
<script type="text/vbscript">
  function play() {
    var vdo = document.getElementById("vdocntrl");
    // 再生する
    vdo.play();
  }
</script>
```

video 要素の主なメソッドと主なプロパティを表に示します。

表7.8　video要素の主なメソッド

メソッド	解説
canPlayType(type)	指定した MIME タイプが再生可能な場合には "maybe" か "probably" を返す。そうでなければ空文字列を返す。
play()	再生する。
pause()	一時停止する。
load()	ビデオをロードする。

表7.9　video要素の主なプロパティ

プロパティ	解説
autoplay	自動再生の場合は true。
loop	ループ再生する場合は true。
muted	ミュートされているときには true。
preload	あらかじめロードするときには true。
src	再生するビデオソース。

実際のスクリプトでは、HTML がビデオをサポートしているか（HTMLVideoElement が利用できるか）、あるいは指定した種類のファイルが再生できるかなどをチェックするコードを入れることが望ましいでしょう。

次の例はビデオの再生を JavaScript で制御する例です。コードの説明は「スク

リプトでオーディオを再生する（script)」を参照してください。

```
<body onload="loaded()">

  <h3>ビデオの再生</h3>

  <style> input {
     width:80px;
   }
  </style>
  <p>
    <video id="vdocntrl" src="video/sample.mp4" />
  </p>
  <p>
    <input type="button" id="play" value="再生" onclick="playClicked()" />
    <input type="button" id="stop" value="停止" onclick="stopClicked()" />
  </p>
  <script type="text/javascript">
    var vdo = document.getElementById("vdocntrl");
    function loaded() {
      if (HTMLVideoElement) { // videoが利用できるか？
        if (vdo.canPlayType("video/mp4") == "") { // mp4をサポートしてない
          document.getElementById("msg").innerHTML = "videoを再生できません。";
        } else {
          document.getElementById("msg").innerHTML = "videoを再生できます。";
        }
      } else
        document.getElementById("msg").innerHTML = "videoが利用できません";
    }
    function playClicked() {
      document.getElementById("play").disabled = true;
      document.getElementById("stop").disabled = false;
      vdo.play();
      document.getElementById("msg").innerHTML = "videoを再生中";
    }
    function stopClicked() {
      if (document.getElementById("play").disabled) {
        vdo.pause();
        document.getElementById("msg").innerHTML = "videoを再生停止";
        document.getElementById("play").disabled = false;
        document.getElementById("stop").disabled = true;
      }
```

```
    }
  </script>
  <br />
  <div id="msg"></div>
</body>
```

【実行結果】JavaScript でビデオを制御

ビデオの再生

video を再生中

> **MEMO**

第 8 章

システムその他

ここでは、これまでの章で扱わなかった要素に関することを解説します。

システムその他

8.1 クライアントシステム

　HTML のリソースは、基本的にサーバーが提供します。HTML ドキュメントはもちろん、クライアント側で実行される JavaScript のスクリプトも、データベースも、すべて原則的にサーバーが提供し、クライアント側はユーザーエージェントがそれをロードして実行します。しかし、ときにはクライアント側のシステムのリソースを利用することもあります。

　これらの API をクライアントが HTML ファイルの中で利用するときには、通常は JavaScript を使います。

　具体的な内容と例などは、あとで解説します。

データの保存

　HTML には、Web ブラウザ側にデータを保存する最も単純な仕組みとして、Cookie（クッキー）があります。Cookie は、かなり以前から多くの Web ブラウザでサポートされていましたが、単純な情報を Web ブラウザに保存しておくために現在でもよく使われています。

　しかし、Cookie にはあとで示すような制限があるので、データを本格的に保存するときには使えません。そこで、HTML5 になって、以下に示すデータベース関係の API（Application Programming Interface）が強化されました。

- Web Storage
- Indexed Database API
- Web SQL Database

ただし、このうち Web SQL Database は、ベースとなる SQL データベースの言語などが標準化されていないために、Internet Explorer や Mozilla Firefox のような主要な Web ブラウザがサポートしないことを表明しています。また、2010年 10 月の時点で仕様の策定も止まっています。

ファイルへのアクセス

単純な情報の読み書きだけではなく、たとえばイメージファイルや PDF ファイルをアップロードしたりダウンロードしたりするようなファイルアクセスは、従来は OS ごとに対応していました。

HTML5 ではクライアント（ユーザーエージェント）のファイルやファイルシステムについては、次の 3 種類の標準化された仕様が策定されています。

- File API（http://www.w3.org/TR/FileAPI/）
  ファイルの読み取りを行う API です。下記の二つの仕様のベースともなっています。
- File API: Writer（http://www.w3.org/TR/file-writer-api/）
  ファイルへの書き込みを行う API です。
- File API: Directories and System（http //www.w3.org/TR/file-system-api/）
  フォルダやファイルの作成や操作を行う API です。なお、この仕様については、執筆時ではベンダーごとに異なるオブジェクトを使わなければならない試行錯誤状態なので、本書では説明を割愛します。

いずれも、サーバーではなく、ユーザーエージェントの仮想的なファイルシステムにアクセスするための API であり、そのため、OS による違いを吸収することができます。また、単なる文字列のような短いデータだけではなくイメージや動画のような大きなバイナリオブジェクトである Blob（Binary Large OBject）を扱うことを想定しています。

位置情報

HTML5 になって、特にユーザーが持ち歩くようなクライアントで有効に活用できるものに、Geolocation API があります。これはユーザーエージェントがある場所を特定することができる機能で、たとえば、地図アプリで現在の場所に関連するような情報を扱うときに便利です。

8.2 Cookie

Cookie（クッキー）は、Web ブラウザ側に小規模な情報を保存するための仕組みです。以前から使われていますが、現在でも利用の仕方によってはとても有効な方法です。

Cookie の概要

Cookie は、小さなデータを Web ブラウザ側（クライアント側）に保存する仕組みです。

保存できるのは、名前を付けた値で、たとえば、Name という名前に Saltydog という名前を付けて保存します。ほかに、有効期限やアクセス可能なオブジェクトを指定するための属性と呼ぶ値も保存できます。

Cookie が頻繁に使われるのは、ログイン時にユーザー ID を自動的に入力した状態にするようなケースです。また、ある程度複雑な処理をすることで、やや高度なこともできます。たとえば、ショッピングサイトで、一度アクセスしてショッピングカートに商品を入れた後で、いったん接続を終了し、後日再度アクセスしたときに、前回 Web サイトを利用したときにショッピングカートに保存された商品などが表示されるようにすることができます。このとき、ユーザーが特に ID やパスワードを登録したりログインする必要はありません。

Web ブラウザなど Cookie を扱うユーザーエージェントは、次の条件を満たすことが求められています（RFC6265）。

- Cookie ひとつ当たりの容量は少なくとも 4,096 バイト（名前、値、属性をすべて含む）
- ひとつのドメインで少なくとも 50 個の Cookie が保存できること
- Cookie の個数は少なくとも全部で 3000 個の Cookie が保存できること

逆にいえば、Cookie には無制限に値を保存できるわけではない、ということです。また、この条件は本稿執筆時のもので、過去にはもっと条件が甘かったので、古いブラウザでは保存できる Cookie の個数や 1 個のデータの長さなどがずっ

と少ないものがあります。

　Cookieは便利で簡単に使えるので、現在でもよく使われますが、Cookieを利用することを考えるときには以下の点には注意を払う必要があります。

- ユーザーエージェントでCookieが無効に設定されている可能性がある。
  すでに説明したように、Cookieが常に使えるという前提でページやアプリを記述するのは間違いです。Cookieが使えるかどうか判定する方法は、「Cookieの有効／無効判定」で説明します。
- ユーザーエージェントやウィルス対策ソフトなどでCookieが削除されることがある
  Cookieが有効に設定されている場合でも、Webブラウザなどのオプションで Cookieが削除されたり、ウィルス対策ソフトがCookieのデータを問題がある可能性があるものと認識して削除する可能性があります。
- 複数のユーザーが使用する可能性が高いシステムでは、安易にCookieを使用するようにするとIDや氏名などの個人情報が漏えいしたり、パスワードが漏えいするなどの問題が発生することがあります。Cookieを利用するときには、他のユーザーが同じシステムを使う可能性がないか確認するメッセージを表示するなど、何らかの対賁が必要です。

基本的なCookieの保存

　最も基本的なCookieのクライアントへの書き込み方法は、JavaScriptを使って次のようにすることです。

```
document.cookie = "Name=Value";
```

Nameは値の名前、Valueはその値です。具体的には、たとえば次のようにします。

```
document.cookie = "ID=A0001";
```

scriptタグで始まるスクリプト全体は次のようになります。

```
<script type="text/javascript">
    document.cookie = "ID=A0001";
</script>
```

HTMLファイルとして作成するなら、たとえば次のようにします。

```
<!DOCTYPE html>

<html lang="ja" xmlns="http://www.w3.org/1999/xhtml" >
<head>
  <meta charset="utf-8" />
  <title>Cookieのサンプル</title>
</head>
<body>
  <script type="text/javascript">
    document.cookie = "ID=A0001";
    document.write("Cookieを書き込みました");
  </script>
</body>
</html>
```

これとまったく同じことを、JavaScriptを使わずにHTMLのヘッド部分（head要素の中）でHTMLを使って行うことができます。head要素の中に記述するときには、http-equiv属性を持つmeta要素として記述します。

```
<head>
    <meta http-equiv="Set-Cookie" content="Name=taro" />
</head>
```

HTMLファイルとして作成するなら、たとえば次のようにします。

```
<!DOCTYPE html>

<html lang="ja" xmlns="http://www.w3.org/1999/xhtml" >
<head>
  <meta charset="utf-8" />
  <title>Cookieのサンプル</title>
  <meta http-equiv="Set-Cookie" content="Name=taro" />
</head>
```

```
<body>
  <p>内容</p>
</body>
</html>
```

NameやValueで、セミコロン（;）、カンマ（,）、空白文字（ ）などURLに使えない文字を使いたいときには、適切な形式にエンコードする必要があります。たとえば、セミコロン（;）は%3B、カンマ（,）は%2C、空白文字は%20と記述します。

```
<script type="text/javascript">
  document.cookie = "セミコロン%3B、カンマ%2C、空白%20文字";
</script>
```

> **Note** エンコードされたCookieを読み込んで利用するときには、unescape()でデコードします。あとで例を示します。

Cookieの読み出し

書き込んで保存されたCookieを読み取るには、JavaScriptのdocumentオブジェクトのcookieプロパティ（document.cookie）を使います。

```
document.cookie;
```

たとえば、読み取ったCookieをtmpという名前の変数に保存して、Webブラウザに表示するときには、次のようなスクリプトを使います。

```
<script type="text/javascript">
  tmp = document.cookie;
  document.write(tmp);
</script>
```

HTMLファイルとして作成するなら、たとえば次のようにします。

```
<!DOCTYPE html>

<html lang="ja" xmlns="http://www.w3.org/1999/xhtml" >
<head>
  <meta charset="utf-8" />
  <title>Cookieのサンプル</title>
</head>
<body>
  <script type="text/javascript">
    tmp = document.cookie;
    document.write(tmp);
  </script>
</body>
</html>
```

実行すると「ID=A0001; Name=taro」と表示されます。

ただし、書き込みと読み込みの一連の操作をひとつセッションとして続けて行わないと(途中でWebブラウザを閉じると)、書き込んだCookieの値は自動的に消されます。Webブラウザを閉じてもCookieの名前や値などが保存されるようにしたいときには、あとで説明するCookieの属性のうちのexpires属性を指定する必要があります。

ヘッドでCookieを書き込み、それを表示するHTMLファイルとして作成するなら、たとえば次のようにします。

```
<!DOCTYPE html>

<html lang="ja" xmlns="http://www.w3.org/1999/xhtml" >
<head>
  <meta charset="utf-8" />
  <title>Cookieのサンプル</title>
  <meta http-equiv="Set-Cookie" content="Name=taro" />
</head>
<body>
  <script type="text/javascript">
    tmp = document.cookie;
    document.write(tmp);
  </script>
</body>
</html>
```

8.2 Cookie

エスケープする必要がある文字を使って Cookie として保存し、それを表示する HTML ファイルは、たとえば次のようになります。

```
<!DOCTYPE html>

<html lang="ja" xmlns="http://www.w3.org/1999/xhtml" >
<head>
  <meta charset="utf-8" />
  <title>エンコードデコード</title>
</head>
<body>
  <script type="text/javascript">
    document.cookie = "セミコロン%3B、カンマ%2C、空白%20文字";
    document.write("書き込みました。ボタンを押して！");
  </script>

  <p>
  <input type="button" value="ボタン", onclick="clicked()" />
  <script type="text/javascript">
    function clicked() {
      tmp = document.cookie;
      document.getElementById("result").innerHTML = unescape(tmp);
    }
  </script>
  </p>

  <div id="result"></div>

</body>
</html>
```

実行時の状況は、たとえば次のようになります。

【実行結果】エンコードとデコード

書き込みました。ボタンを押して！

[ボタン]

セミコロン;、カンマ,、空白 文字

Cookie の属性

Cookie の情報として最低限必要なのは、名前と値のペアです。すでに説明したように、これは、Name=Value という形式で記述します。典型的な書き方は、JavaScript の場合は「document.cookie = "Name=Value";」のように、HTML のヘッドで記述するときには「content="Name=Value"」という形式です。

この必須の情報に加えて、属性として、expires、domain、path、secure をオプションで指定することができます。

Cookie の有効期限を設定する　　　　　　　　　　　　　expires

クライアント側に記録される Cookie の有効期限は「expires=Value」の形式で指定します。

Value に指定する有効期限の日付時刻のフォーマットは以下のとおりです。

```
Wdy, DD-Mon-YYYY HH:MM:SS GMT
```

Wdy は曜日、DD は日の値、Mon は月の値、YYYY は年の値、HH は時間の値、MM は分の値、SS は秒の値です。GMT は、この日付時刻が GMT（Greenwich Mean Time、グリニッジ標準時）であることを表しています。GMT と東京の時差は +9 時間です。

たとえば、次のように記述します。

```
expires=Thu, 1-Jan-2030 00:00:00 GMT

expires=Fri, 15-Nov-2013 10:10:25 GMT
```

Cookie の有効期限を設定する実際的な方法は、JavaScript の Date().getTime() で現在の日付時刻を取得して、現在から一定の時間を経過した日付時刻を設定する方法です。

たとえば、ユーザーが Web ページを表示したときから 7 日後の日付は、次のようにして求めることができます。

```
var nowtime = new Date().getTime();
var expire = new Date(nowtime + (60 * 60 * 24 * 1000 * 7));
```

Date().getTime()で取得した日付時刻はミリ秒単位なので、秒単位にするために1000倍し、さらに分単位にするために60倍し、時間単位にするために60倍し、1日単位にするために24倍している点に注意してください。

ここで求めた日付時刻は、書き込む前にGMT文字列に変換します。

```
var expires = expire.toGMTString();
```

そして、これまでに説明した方法を使って、有効期限付きのCookieを書き込みます。

```
document.cookie = "TestExpire=7Days" + "; expires=" + expires;
```

これまでの一連の作業をHTMLファイルとしてまとめると、次のようになります。

```
<!DOCTYPE html>

<html lang="ja" xmlns="http://www.w3.org/1999/xhtml" >
<head>
  <meta charset="utf-8" />
  <title>Cookieのサンプル</title>
</head>
<body>

  <script type="text/javascript">
    // 有効期限を設定する (7日間)
    var nowtime = new Date().getTime();
    var expire = new Date(nowtime + (60 * 60 * 24 * 1000 * 7));
    var expires = expire.toGMTString();

    // Cookieを書き込む
    document.cookie = "TestExpire=7Days" + "; expires=" + expires;

    document.write("Cookieの有効期限=" + expire);
  </script>
```

```
</body>
</html>
```

有効期限を省略すると、ブラウザなどを閉じた時点で、その Cookie は無効となります。

Cookie を削除するには、日付時刻の値に過去の値を指定します。この時間の値は、過去の時間であればいつでもかまいません。次の例は、1970 年 1 月 1 日に設定して Cookie を削除する例です。

```
expires=Thu, 01-Jan-1970 00:00:00 GMT
```

Web サーバーの名前を指定する　　　　　　　　　　domain

Cookie が送信される Web サーバーの名前は、「domain=Value」の形式で指定します。これを省略した場合は、そのときアクセスしている Web サーバー名になります。

サーバーのパスを指定したいときには、次のオプション path を使います。

Cookie が送信されるパスを指定する　　　　　　　　path

Cookie が送信されるパスは「path=Value」の形式で指定します。たとえば、「path=/HTML5DB」と指定すると、/HTML5DB にマッチするすべてのページに対して Cookie 情報が送られます。path=/ としてしまうと、そのドメイン（たとえば、www.nantoka.com）のどのリソースにアクセスしたときにも常に Cookie 情報が送られることになります。

これを省略した場合は、アクセスした HTML のパスがセットされます。

> **Note** ID などのプライバシーにかかわる情報を Cookie として保存することがよくあります。しかし、むやみに Cookie 情報をサーバに送信するのはセキュリティーの観点から問題があります。

■セキュアなサーバーだけに送る　　secure

サーバーとの接続がセキュアであるとき（アクセス先が SSL などのような安全なサイトの場合）に限って Cookie を送りたいときには、secure を指定します。

■Cookie の有効／無効を判定する

Cookie が有効であるか無効であるか判定するには、navigator オブジェクトの cookieEnabled プロパティで調べることができます。navigator.cookieEnabled が true（真）であるかどうかで調べることができます。

```
if (navigator.cookieEnabled) {
  // Cookieが有効
}
else {
  // Cookieは無効
}
```

この if 文で「if (navigator.cookieEnabled)」は「if (navigator.cookieEnabled == true)」と同じです。

HTML ドキュメントとして作成すると、たとえば次のようになります。

```
<!DOCTYPE html>

<html lang="ja" xmlns="http://www.w3.org/1999/xhtml" >
<head>
  <meta charset="utf-8" />
  <title>Cookieの有効/無効の判定</title>
</head>
<body>
  <script type="text/javascript">
    if (navigator.cookieEnabled) {
     document.write("Cookieを利用できます。');
    }
    else {
      document.write("Cookieは利用できません。");
    }
  </script>
```

システムその他

```
</body>
</html>
```

8.3 Web Storage

Web Storage（ウェブ・ストレージ）は、Cookie と同じようにキーと値のペアを保存する仕組みですが、原則として Cookie のような制約がありません。

Web Storage の概要

Web Storage は、キーと値のペアを保存するための仕組みで、次の 2 種類があります。

- Local Storage
  Web ブラウザなどのユーザーエージェントを終了しても、情報がシステムのローカルストレージに保存されます。そのため、次回、Web ブラウザで HTML ページを開いたときに前に保存したデータを利用することができます。
- Session Strage
  ひとつのセッション（たとえば、Web ブラウザを起動して終了するまで）の間だけ、情報を保存します。セッションが終わると、保存された情報は削除されます。

Web Storage は、Cookie と同じようにキーと値のペアを保存するための仕組みですが、Cookie と異なる点として次のような点があります。

- 保存するデータの大きさに制限はない
  ただし、膨大なデータを保存することで問題が発生しないように、Web ブラウザなどのユーザーエージェントで保存する容量に制限が付けられるのが

普通です。
- Local Storage の保存期限は無限
  ただし、明示的に削除することはできます。
- データがサーバーに送信されない
  Cookie はデータがサーバーに送られるので、通信量が増えることのほかに、セキュリティ上の問題がある可能性を考慮する必要があります。Web Storage はデータがサーバーに送信されないので、これらの問題はありません。
- アクセスできる範囲が限定されている
  Cookie の domain や path のようなオプションはありませんが、アクセスできるのは同じオリジン（ホスト＋ドメイン＋ポート）に属する Web ページに限定されています。たとえば、www.nantoka.com に属する HTML ページで作成した Web Storage には、blog.nantoka.com からはアクセスできません。
- キーと値は DOMString である
  キーと値には単純な文字列だけでなく、DOMString を指定できます。なお、DOMString とは UTF-16 の文字列のことで、JavaScript では DOMString は String に対応します。

Local Storage への単純な読み書き

Local Storage に読み書きする最も単純な方法は、localStorage オブジェクトのメソッド setItem() を使う方法です。localStorage.setItem() の書式は次の通りです。

```
localStorage.setItem(Key, Value);
```

たとえば、Key として "ID"、Value として "A0001" を保存したいときには、次の JavaScript のコードを実行します。

```
localStorage.setItem("ID", "A0001");
```

Keyの値(Value)を読み込むときには、localStorage.getItem()を使います。

```
localStorage.getItem(Key)
```

たとえば、Keyが "ID" のときには、次の JavaScript のコードを実行します。

```
tmp = localStorage.getItem("ID");
```

これらのメソッドを使った HTML ページの例を次に示します。

```html
<!DOCTYPE html>

<html lang="ja" xmlns="http://www.w3.org/1999/xhtml" >
<head>
  <meta charset="utf-8" />
  <title>localStorageの単純な読み書き</title>
</head>
<body>
  <script type="text/javascript">
    localStorage.setItem("ID", "A0001");
    document.write("localStrageにキーと値を書き込みました");
  </script>

  <p>
  <input type="button" value="ボタン", onclick="clicked()" />
    <script type="text/javascript">
    function clicked() {
      tmp = localStorage.getItem("ID");
      document.getElementById("result").innerHTML = "ID=" + unescape(tmp);
    }
  </script>
  </p>
  <div id="result"></div>

</body>
</html>
```

実行時の状況は、たとえば次のようになります。

【実行結果】localStorage への書き込み

localStrageにキーと値を書き込みました
ボタン
ID=A0001

さまざまな読み書きの方法

localStrageにキーと値を書き込む方法として、すでに次の形式を示しました。

```
localStorage.setItem(Key, Value);
```

この形式のほかに、次の2種類の形式を使うこともできます。

```
localStorage[Key] = Value;
localStorage.Key = Value;
```

たとえば、次のようにします。

```
localStorage["Name"] = "Happy Dog";
localStorage.Tel = "03-3325-0110";
```

localStrageに書き込まれたキーに対応する値を読み出す方法として、すでに次の形式を示しました。

```
localStorage.getItem(Key)
```

この形式のほかに、次の2種類の形式を使うこともできます。

システムその他

```
localStorage[Key];
localStorage.Key;
```

たとえば、次のようにします。

```
localStorage["Name"];
localStorage.Tel;
```

HTMLファイルとして作成した例を次に示します。

リスト 8.1　localStorage.html

```
<!DOCTYPE html>

<html lang="ja" xmlns="http://www.w3.org/1999/xhtml" >
<head>
  <meta charset="utf-8" />
  <title>localStorageのさまざまな読み書き方法</title>
</head>
<body>
  <script type="text/javascript">
    localStorage.setItem("ID", "A0001");
    localStorage["Name"] = "Happy Dog";
    localStorage.Tel = "03-3325-0110";
    document.write("localStrageにキーと値を書き込みました");
  </script>

  <p>
  <input type="button" value="ボタン", onclick="clicked()" />
    <script type="text/javascript">
      var text;
      function clicked() {
        tmp = localStorage.getItem("ID");
        text = "<li>" + "ID=" + tmp + "</li>";
        text = text + "<li>" + "Name=" + localStorage["Name"] + "</li>";
        text = text + "<li>" + "Tel=" + localStorage.Tel + "</li>";
        document.getElementById("result").innerHTML = text;
      }
    </script>
  </p>
```

```
  <ul id="result"></ul>

</body>
</html>
```

【実行結果】localStrage への書き込みと読み出し

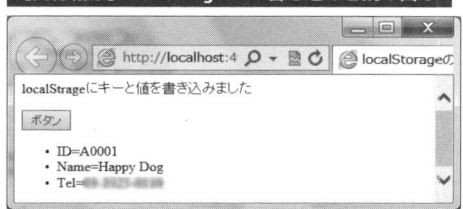

localStrageにキーと値を書き込みました

ボタン

- ID=A0001
- Name=Happy Dog
- Tel=

Session Storage への読み書き

Session Storage と Local Storage の違いは、Session Storage にはひとつのセッションの間だけデータが保存されるということだけです。ひとつのセッションとは、たとえば、ユーザーが Web ブラウザを開いて何らかの操作を行い、その Web ブラウザを閉じるまでです。

Session Storage の使い方は、`localStcrage` オブジェクトではなく代わりに `sessionStorage` オブジェクトを使うという点が異なるだけで、あとは Local Storage と同じです。

たとえば、すでに示した localStorage.html と同じことを Session Storage に対して行うために必要なのは、`localStorage` の代わりに `sessionStorage` を使うということだけです。

`sessionStorage` を使ってデータを保存する HTML ページの例を次に示します。

リスト 8.2　sessionStorage.html

```
<!DOCTYPE html>

<html lang="ja" xmlns="http://www.w3.org/1999/xhtml" >
```

システムその他

```
<head>
  <meta charset="utf-8" />
  <title>sessionStorageの単純な読み書き</title>
</head>
<body>
  <script type="text/javascript">
    sessionStorage.setItem("ID", "B0002");
    document.write("sessionStrageにキーと値を書き込みました");
  </script>

  <p>
    <input type="button" value="ボタン", onclick="clicked()" />
    <script type="text/javascript">
      function clicked() {
        tmp = sessionStorage.getItem("ID");
        document.getElementById("result").innerHTML = "ID=" + unescape(tmp);
      }
    </script>
  </p>
  <div id="result"></div>

</body>
</html>
```

実行時の状況は、たとえば次のようになります。

【実行結果】sessionStorage への読み書き

sessionStrageにキーと値を書き込みました
ボタン
ID=B0002

プロパティとメソッド

localStorageとsessionStorageオブジェクトには、次のようなプロパティとメソッドがあります。どちらのオブジェクトでも、使い方は同じである点に注

目してください。

表8.1 Storageのプロパティ

プロパティ	解説
unsigned long length	現在Storage（localStorageかsessionStorageオブジェクト）に保存されているデータの数を表す。

表8.2 Storageのメソッド

メソッド	解説
DOMString key(unsigned long index)	保存されているindex番目のkeyを返す。indexはゼロから始まる。
DOMString getItem(DOMString key)	keyに対応するvalueを取得する。
void setItem(DOMString key, DOMString value)	keyとvalueのペアでデータを保存する。
void removeItem(DOMString key)	keyに対応するvalueを削除する。
void clear()	clear()の形式で使い、データをすべてクリアする。

次にこれらのプロパティやメソッドを使う例として、キーを指定しないですべてのlocalStorageに保存してあるデータを読み出したのちに、最初の要素を削除してからlocalStorageに保存してある要素数を表示し、さらにlocalStorageに保存してあるデータをクリアしてから要素数を表示するHTMLを作成してみます。

まず、キーを指定しないですべてのlccalStorageに保存してあるデータを読み出して変数htmlに保存するために、lengthプロパティとKey()を使います。

```
var key;
var html = ' ';
for (var i = 0; i < localStorage.length; i++) {
  key = localStorage.key(i);
  html += 'key=' + key + '; value=' + lccalStorage[key] + '<br />';
}
```

その後、最初の要素を削除するときには、次のコードを使います。

```
localStorage.removeItem(localStorage.key(0));
```

localStorage に保存してある要素数を取得するためには、次のようにします。

```
var text = '要素数=' + localStorage.length;
```

さらに次のコードで localStorage に保存してあるすべてのデータをクリアします。

```
localStorage.clear();
```

全体では次のようになります。

```
<!DOCTYPE html>

<html lang="ja" xmlns="http://www.w3.org/1999/xhtml" >
<head>
  <meta charset="utf-8" />
  <title>Storageのプロパティとメソッド</title>
</head>
<body>
  <p>localStorageに保存されているデータ</p>
  <div id="result1"></div>
  <script type="text/javascript">
    var key;
    var html = ' ';
    for (var i = 0; i < localStorage.length; i++) {
      key = localStorage.key(i);
      html += 'key=' + key + '; value=' + localStorage[key] + '<br />';
    }
    document.getElementById("result1").innerHTML = html;
  </script>

  <p>
  <input type="button" value="最初の要素を削除", onclick="btn1clicked()" />
  <script type="text/javascript">
    function btn1clicked() {
      localStorage.removeItem(localStorage.key(0));
      var text = '要素数=' + localStorage.length;
      document.getElementById("result2").innerHTML = text;
    }
```

```
    </script>
  </p>
  <div id="result2"></div>

  <p>
  <input type="button" value="全要素を削除", onclick="btn2clicked()" />
  <script type="text/javascript">
    function btn2clicked() {
      localStorage.clear();
      var text = '要素数=' + localStorage.length;
      document.getElementById("result3").innerHTML = text;
    }
  </script>
  </p>
  <div id="result3"></div>

</body>
</html>
```

すでに示した localStorage への書き込みの例をあらかじめ実行してからこの HTML を表示したときの状況は、たとえば次のようになります。

【実行結果】localStorage のメソッドを使う

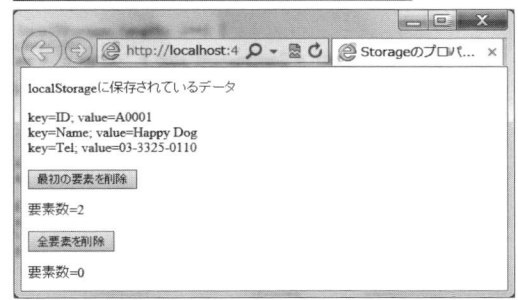

```
localStorageに保存されているデータ

key=ID; value=A0001
key=Name; value=Happy Dog
key=Tel; value=03-3325-0110

[最初の要素を削除]

要素数=2

[全要素を削除]

要素数=0
```

イベント

localStorage や sessionStorage の項目が更新されたか追加された、あるいは削除されたときには、それぞれイベントが発生します。そして、他のウィンドウ（HTML を表示しているページ）はストレージの内容が変更されたという

イベントを受け取ることができます。

イベントを生成するのは、setItem()、removeItem()、clear() を実行したときです。

イベントを受け取るときには、window.addEventListener() を使って storage イベントを受け取るイベントリスナーを登録して受け取ります。

```
<script>
  window.addEventListener("storage", function (event) {
    (受け取ったイベントを処理する)
  }, false);
</script>
```

イベントの引数からは、たとえば次のような情報を得ることができます。

表8.3 イベント引数の値

名前	内容
event.type	イベントの種類。
event.key	削除または更新・追加された項目のキー（Key）。
event.oldValue	削除または更新された項目の以前の値（Value）。
event.newValue	追加または更新された新しい値（Value）。
event.url	イベントが発生した URL。
event.timeStamp	イベントが発生した時刻。
event.storageArea	イベントが発生した Storage の種類。

このイベントリスナーを使って作った HTML ページの例を次に示します。

```
<!DOCTYPE html>

<html lang="ja" xmlns="http://www.w3.org/1999/xhtml" >
<head>
  <meta charset="utf-8" />
  <title>イベントを受け取る</title>
</head>
<body>
  <script>
    window.addEventListener("storage", function (event) {
      var text = "type:" + event.type + "<br />";
      text += "key:" + event.key + "<br />";
```

```
        text += "oldValue:" + event.oldValue + "<br />";
        text += "newValue:" + event.newValue + "<br />";
        text += "url:" + event.url  + "<br />";
        text += "timeStamp:" + event.timeStamp + "<br />";
        text += "storageArea:" + event.storageArea;
        document.getElementById("result").innerHTML = text;
        }, false);
    </script>
    <p>fireEvent.htmlで発行されたイベントを受け取ります。</p>
    <div id="result"></div>

</body>
</html>
```

イベントを生成するために特にするべきことはありません。setItem()、removeItem()、clear() を実行したときにそれぞれのイベントが自動的に生成されます。次の例はこれらのメソッドを実行してイベントを生成できるようにした HTML ページの例です。

```
<!DOCTYPE html>

<html lang="ja" xmlns="http://www.w3.org/1999/xhtml" >
<head>
  <meta charset="utf-8" />
  <title>イベントを生成する</title>
</head>
<body>
  <script type="text/javascript">
    function setclicked() {
      var d = new Date();
      var key = "S" + d.getSeconds();
      var value = "M" + d.getMinutes();
      localStorage.setItem(key, value);
      var text = "追加しました。(key=" + key + "  value=" + value;
      text += " 要素数=" + localStorage.length;
      document.getElementById("result").innerHTML = text;
    }
    function removeclicked() {
      localStorage.removeItem(localStorage.key(0));
      var text = '削除しました。要素数=' + localStorage.length;
      document.getElementById("result").innerHTML = text;
```

```
      }
      function clearclicked() {
        localStorage.clear();
        var text = 'クリアしました。要素数=' + localStorage.length;
        document.getElementById("result").innerHTML = text;
      }
    </script>

    <p>イベントを生成します。</p>
    <input type="button" value="setItem" onclick="setclicked()"  /><br />
    <input type="button" value="removeItem" onclick="removeclicked()" /><br />
    <input type="button" value="clear" onclick="clearclicked()" /><br />

    <div id="result"></div>

  </body>
</html>
```

上記 2 個の HTML を同時に表示したときの状況は、たとえば次のようになります。

【実行結果】イベントの発行と受け取り

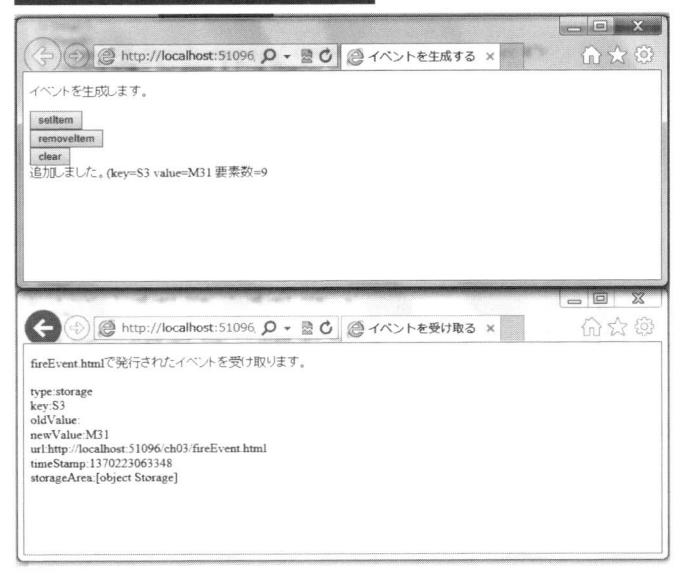

```
イベントを生成します。
setItem
removeItem
clear
追加しました。(key=S3 value=M31 要素数=9
```

```
fireEvent.htmlで発行されたイベントを受け取ります。

type:storage
key:S3
oldValue:
newValue:M31
url:http://localhost:51096/ch03/fireEvent.html
timeStamp:1370223063348
storageArea:[object Storage]
```

Web Storage の現状と今後

　これまで説明してきたプロパティとメソッドは、現行のほとんどのユーザーエージェントで問題なく利用できるはずです。しかし、古いバージョンでは使えない可能性があります。また、一部のブラウザなどでは、オプションで Web Storage を使用可能に設定する必要があるものがあります。

　Web Storage のうち、`localStorage` は有効期限がありません。そのため、不要になったら明示的に削除する必要があります。Web Storage の容量は制限がない（実際にはそれぞれのユーザーエージェントに任されている）ので、膨大なデータを永遠に保存してしまう可能があります。この点は少々問題で、将来は不要になったデータを削除する何らかの手段が提供されることが望まれます。

　将来は、すべてのユーザーエージェントで Web Storage がサポートされると期待されますが、将来、Cookie と同様に、次のような点には注意を払う必要が発生する可能性があります。

- ユーザーエージェントで Web Storage が無効に設定されている可能性がある。
  Web Storage が常に使えるという前提でページやアプリを記述するのは間違いです。
- ユーザーエージェントやウィルス対策ソフトなどで Web Storage が削除されることがある。
  Web Storage が有効に設定されている場合でも、Web ブラウザなどのオプションで Web Storage が削除されたり、ウィルス対策ソフトが Web Storage に保存された内容を問題がある可能性があるものと認識して削除する可能性があります。
- 複数のユーザーが使用する可能性が高いシステムでは、安易に Web Storage を使用するようにすると ID や氏名などの個人情報が漏えいしたり、パスワードが漏えいするなどの問題が発生することがあります。Web Storage を利用するときには、ほかのユーザーが同じシステムを使う可能性がないか確認するメッセージを表示するなど、何らかの対策が必要です。

システムその他

8.4 ファイルアクセス

ここでは、W3C（The World Wide Web Consortium）の仕様として策定されている 3 種類の File API について概説します。

File API

File API は、正確には、ウェブ・アプリケーションにおけるファイルオブジェクトを表し、ファイルオブジェクトを選択してそのデータにアクセスする方法のための API を規定した仕様です。簡単にいえば、ファイルの読み取りを行うための API であると考えてよいでしょう。

File API には、さらに下位の仕様として File API:Writer と File API:Directories and System が策定されています。

File API:Writer は、ファイルへの書き込みをサポートするための API です。例はあとで示します。

File API:Directories and System は、ディレクトリやフォルダ、およびそこにあるファイルのリストを調べたり操作するための API です。ただし、執筆時点でこの API の核となる RequestFileSystem などが、ユーザーエージェントによって実装および名前が異なる（名前にそれぞれのベンダープレフィックスが付いている）ため、現時点では本書では扱いません。

File API の利用可能性の確認

File API は、File API:Writer と File API:Directories and System のベースとなるファイルオブジェクトを表します。したがって、File API をサポートしていないユーザーエージェントでは File API:Writer と File API:Directories and System も使用できないことになります。

File API が利用できるかどうかは、次の例に示すように window.File を使って調べることができます。

```
<div id="msg"></div>
<script type="text/javascript">
```

```
    if (window.File) { // File APIが実装されいる
      document.getElementById("msg").innerHTML = "ローカルファイルにアクセスします。";
      /* ファイル処理 */
    } else
      document.getElementById("msg").innerHTML = "File APIが使えません。";
</script>
```

File API が利用できれば、`type` が `"file"` である `input` 要素を使うことができます。この要素をたとえば次のように配置すると、ページにはファイル選択コントロールが表示されます。

```
<h3>File APIのサンプル</h3>

<input type="file" />
```

【実行結果】File API のファイル選択コントロール

File APIのサンプル

参照...

これでユーザーが［参照 ...］ボタンを使ってファイルを選択すると、`input` 要素で change イベントが発生します。このイベントの引数 `event.target.files` には選択されたファイルオブジェクトのリストが入っているので、選択されたファイルが1個だけであると仮定すると、`target.files[0]` がその選択されたファイルの File オブジェクトを表します。この File オブジェクトに対して、`File.name`、`File.size`、`File.type` などのプロパティを使ってファイルの情報を得ることができます。

```
<h3>File APIのサンプル</h3>

<input type="file" onchange="changed(event);" />

<script type="text/javascript" >
  function changed(event) {
    var file = event.target.files[0];
    if (file) {
      var str = "ファイル名:" + file.name + "<br>";
```

システムその他

```
    str += "ファイルサイズ:" + file.size + "<br>";
    str += "ファイルタイプ:" + file.type + "<br>";
    document.getElementById("msg").innerHTML = str;
  } else
    document.getElementById("msg").innerHTML = "ファイルが見つかりません。";
  }
</script>
<div id="msg"></div>
```

【実行結果】ファイル情報の表示

File APIのサンプル

C:\Users\Shyuga\Docum 参照...
ファイル名:text.txt
ファイルサイズ:60
ファイルタイプ:text/plain

Fileオブジェクトの主なプロパティを表に示します。

表8.4 Fileの主なプロパティ

プロパティ	解説
name	ファイル名を表す。
size	ファイルサイズを表す。
type	ファイルの MIME タイプを表す。
lastModifiedDate	ファイルの最終更新日を表す。

ファイルの内容がtext/plainのようなシンプルなものであれば、表示するのも容易です。

ファイルの内容を読み込むためには、非同期で読み込むFileReaderオブジェクト（正確にはFileReaderはインタフェース）か、同期読み込みのFileReaderSyncを使います。一般的には、ファイルの内容へのアクセスには相対的に時間がかかるので、非同期のFileReaderを使うことが多いでしょう。

ここでは、FileReaderオブジェクト（正確にはFileReaderはインタフェース）を作成します。そして、FileReader.readAsText()を呼び出すことでテキストファイルを読み込むことができます。

```
var file = event.target.files[0];
```

```
var reader = new FileReader();
reader.readAsText(file, "utf-8");
```

FileReaderには、表に示すメソッドがあります。

表8.5 FileReaderの主なメソッド

メソッド	解説
readAsArrayBuffer(Blob blob)	データを配列に非同期で読み取る。
readAsText(Blob blob, optional DOMString label)	データをテキストとして非同期で読み取る。
readAsDataURL(Blob blob)	データをDataURLとして非同期で読み取る。
abort()	読み取りを中止する。

この読み取り作業は非同期で行われるので、メソッドから制御が返って次の行を実行しようとしている時点でファイルの内容が読まれたかどうかは確定しません。FileReaderのreadyState属性には、EMPTY（まだ読み取っていない）、LOADING（読み込み中）、DONE（読み取りが終わったか、エラーかabort()で読み取りを中止した）という3種類の値がありますが、通常はこの値で読み込みの完了やエラーなどを判断するのではなく、次の表に示すイベントで起動されるイベントハンドラで、発生したイベントにふさわしい処理を行います。

表8.6 FileReaderの主なイベント

イベント	イベントハンドラ	解説
loadstart	onloadstart	読み込みを開始した。
progress	onprogress	読み込みを行っている（進行中）。
load	onload	正常に読み込みを完了した。
abort	onabort	読み込みを中断した。
error	onerror	読み込み時にエラーが発生した。
loadend	onloadend	読み込みリクエストが完了した（成功／失敗のいずれか）。

そして、正常に読み込んだというイベントのイベントハンドラonloadに、読み込んだ文字列を表示するコードを記述します。

```
function loaded(event) {
  var str = event.target.result;
```

```
document.getElementById("msg").innerHTML = str;
}
```

念のために、エラーが発生したときのイベントハンドラ onerror には、エラーを通知するためのコードを記述します。

```
function error(evt) {
  if (evt.target.error.code == evt.target.error.NOT_READABLE_ERR) {
    document.getElementById("msg").innerHTML = "読み込みエラー";
  }
}
```

次の例は、これらのコードをまとめて、テキストファイルを読み込んで表示するようにした例です。

```
<h3>File APIのサンプル</h3>

<input type="file" style="width:400px" onchange="changed(event);" />

<script type="text/javascript" >
  function changed(event) {
    var file = event.target.files[0];
    if (file) {
      var reader = new FileReader();
      reader.readAsText(file, "utf-8");
      reader.onload = loaded;
      reader.onerror = error;
    } else
      document.getElementById("msg").innerHTML = "ファイルが見つかりません。";
  }
  function loaded(event) {
    var str = event.target.result;
    document.getElementById("msg").innerHTML = str;
  }

  function error(evt) {
    if (evt.target.error.code == evt.target.error.NOT_READABLE_ERR) {
      document.getElementById("msg").innerHTML = "読み込みエラー";
    }
  }
```

```
</script>
<section>
  <h3>ファイルの内容</h3>
  <div id="msg"></div>
</section>
```

【実行結果】テキストファイルの読み込み

File APIのサンプル

C:\Users\Shyuga\Documents\sample.txt   参照...

ファイルの内容

これはサンプルテキストファイルです。形式はtext/plain、UTF-8エンコードです。

File API:Writer

File API:Writerは、ファイルへの書き込みを行うためのAPIです。この仕様には、表の4種類のインタフェースが規定されています。

表8.7　File API:Writerのインタフェース

インタフェース	解説
BlobBuilder	バイナリオブジェクトを作成する。
FileSaver	Blobファイルに名前を付けて保存する。
FileWriter	非同期処理でファイルに書き込む。
FileWriterSync	同期処理でファイルに書き込む。

ただし、現時点では BlobBuilder は使わずに Blob のコンストラクタを使うように変更されようとしています。

Blobの内容を textArea 要素に入力された文字列、Blobの種類を text/plain とすると、次のようにして Blob オブジェクトを作成できます。

```
<textarea id="text" placeholder="テキストを入力してください。" ></textarea>
   :
var text = document.getElementById("text").value;
var blob = new Blob([text], { type: "text/plain" });
```

システムその他

ここでは、これを内容とするファイルを物理的なファイルではなく、生成した URL にリンクされたオブジェクトとして作成します。

```
var link = document.createElement("a");
link.href = window.URL.createObjectURL(blob);
var a = document.createElement("a");
var disp = document.getElementById("disp");
disp.innerHTML = '<a href="' + window.URL.createObjectURL(blob)
        + '" target="_blank">作成されたファイル</a>';
```

これらを HTML ファイルとしてまとめると、次のようになります。

```
<!DOCTYPE html>

<html lang="ja" xmlns="http://www.w3.org/1999/xhtml">
<head>
    <meta charset="utf-8" />
    <title>BLOB作成のサンプル</title>
</head>
<body>
  <textarea id="text" placeholder="テキストを入力してください。" ></textarea><br />
  <input type="button" value="リンク作成" id="btndownload" onclick="clicked()" />
  <br />
  <div id="disp"> </div>

  <script type="text/javascript">
    function clicked() {
      var text = document.getElementById("text").value;
      var blob = new Blob([text], { type: "text/plain" });
      var link = document.createElement("a");
      link.href = window.URL.createObjectURL(blob);
      var a = document.createElement("a");
      var disp = document.getElementById("disp");
      disp.innerHTML = '<a href="' + window.URL.createObjectURL(blob)
        + '" target="_blank">作成されたファイル</a>';
    };
  </script>
</body>
</html>
```

8.4 ファイルアクセス

　ページが表示されたら、textareaに何か文字列を入力して、[リンク作成]ボタンをクリックします。すると、作成されたBlobへのリンクが表示されます。

【実行結果】[リンク作成]ボタンをクリックした状態

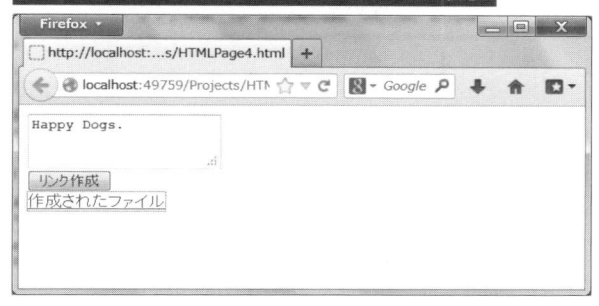

　「作成されたファイル」というリンクをクリックすると新たに開いたタブに表示されるリンク先の内容は次の通りです。

【実行結果】リンク先の内容

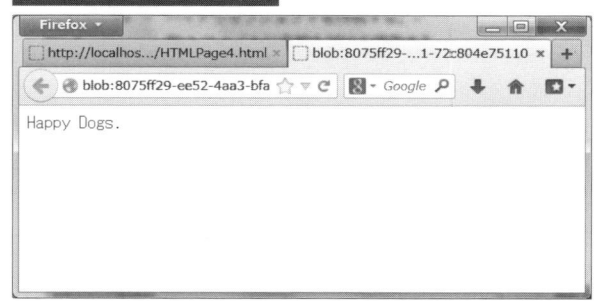

　このリンク先の内容をテキストファイルとして保存することができます。

> **MEMO**

8.5 Geolocation API

Geolocation API は位置情報を利用するための API です。

Geolocation API の概要

現在の GPS（Global Positioning System、全地球測位システム）の機能はきわめて高度で、しかもとても小さな機器にも組み込むことができます。そして、ユーザーが持ち歩くようなクライアントでは、GPS を使って現在の場所を正確に識別することができるものがあります。また、システムに GPS 機能が備わっていなくても、ネットワークに接続している IP アドレスなどから、そのシステムのおおよその場所を知ることもできます。また、異なる 2 地点以上の位置情報とそれを取得した時間差の情報から、移動している方向と速さを取得することも可能です。

これらの位置情報取得機能を有効に活用するために、Geolocation API があります。これはユーザーエージェントがある場所を特定することができる機能で、たとえば、地図アプリで現在の場所に関連するような情報を扱うときに便利です。

位置情報は個人情報のひとつになり得るので、多くのユーザーエージェントは、それ自体で位置を特定してよいかどうかをユーザーに確認する仕組みを備えています。あるいは、位置情報の利用を許可しないという設定にできるユーザーエージェントも少なくありません。そのため、アプリ開発者は、位置情報が得られなくても機能するように設計する必要があります。

また、得られる位置情報の正確さは、ユーザーエージェントの性能や機能に関係しています。そのため、特に古いシステムの場合、得られた位置情報があまり信頼できない可能性があるという点にも配慮する必要があるでしょう。

Geolocation API の利用

Geolocation API を利用して現在の位置情報を取得する方法はきわめて単純で、メソッド `getCurrentPosition()` を次の形式で呼び出すだけです。

8.5 Geolocation API

```
navigator.geolocation.getCurrentPosition(successCallback, errorCallback);
```

ただし、取得した結果はこのメソッドの戻り値として返されるのではなく、コールバック関数という特別な関数が呼び出されて返されます。コールバック関数とは、システムが呼び出す関数です（通常の関数は、ユーザーの操作やプログラムの流れに従ってアプリ側が呼び出します）。

表8.8　Geolocationインタフェースのメソッドとコールバック関数

名前	解説
`getCurrentPosition()`	位置情報を取得したらコールバック関数を呼び出す。
`watchPosition()`	位置情報を監視してコールバック関数を呼び出す。
`clearWatch()`	位置情報の監視を中止する。
`callback PositionCallback`	位置情報が得られたときに呼び出されるコールバック関数。
`callback PositionErrorCallback`	エラーが検出されたときに呼び出されるコールバック関数。

上の `getCurrentPosition()` を呼び出すコードの例では、位置情報の取得に成功したら `successCallback` という名前のコールバック関数を呼び出し、エラーが発生したら `errorCallback()` を呼び出すようにしています。

`successCallback()` の引数は位置情報を表す `position` です。

```
function successCallback(position) {
  // position.coordsのメンバーを使う。
}
```

このコールバック関数の中では、そのメンバーである Coordinates インタフェースのメンバー coords に含まれる Coordinates インタフェースの情報を使うことで、緯度経度などの情報を得ることができます。

表8.9　Positionインタフェース

名前	解説
`coords`	`Coordinates` 型の座標関連情報。
`timestamp`	`DOMTimeStamp` 型の情報取得時刻。

表8.10　Coordinatesインタフェース

名前	解説
`latitude`	緯度の値の値を表す。
`longitude`	経度の値の値を表す。
`altitude`	高度の値の値を表す。
`accuracy`	緯度、経度の精度の値を表す。
`altitudeAccuracy`	高度の精度の値を表す。
`heading`	移動時の方角（度）の値を表す。
`speed`	移動時の速度（m/s）の値を表す。

　位置情報を取得すると呼び出されるコールバック関数 successCallback() は、たとえば次のように作成します。

```
function successCallback(position) {
  var msg = "緯度:" + position.coords.latitude + "<br />";
  msg += "経度:" + position.coords.longitude + "<br />";
  msg += "高度:" + position.coords.altitude + "<br />";
  msg += "緯度・経度の誤差:" + position.coords.accuracy + "<br />";
  msg += "高度の誤差:" + position.coords.altitudeAccuracy + "<br />";
  msg += "方角:" + position.coords.heading + "<br />";
  msg += "速度:" + position.coords.speed + "<br />";
  document.getElementById("msg").innerHTML = msg;
}
```

　位置情報が取得できないときに呼び出されるコールバック関数 errorCallback() は、たとえば次のように作成します。

```
function errorCallback(error) {
  document.getElementById("msg").innerHTML = error.message;
}
```

　まとめると、次のようになります。

```
<script>
  if (navigator.geolocation) {   // Geolocation APIを利用できるか？
    // 現在の位置情報を取得（情報はコールバック関数に返される）
    navigator.geolocation.getCurrentPosition(successCallback, errorCallback);
```

```javascript
    // 位置情報を取得すると呼び出されるコールバック
    function successCallback(position) {
      var msg = "緯度:" + position.cocrds.latitude + "<br />";
      msg += "経度:" + position.coords.longitude + "<br />";
      msg += "高度:" + position.coords.altitude + "<br />";
      msg += "緯度・経度の誤差:" + position.coords.accuracy + "<br />";
      msg += "高度の誤差:" + position.coords.altitudeAccuracy + "<br />";
      msg += "方角:" + position.coords.heading + "<br />";
      msg += "速度:" + position.coords.speed + "<br />";
      document.getElementById("msg").innerHTML = msg;
    }

    // 位置情報が取得できないと呼び出されるコールバック
    function errorCallback(error) {
      document.getElementById("msg").innerHTML = error.message;
    }
  } else
    document.getElementById("msg").innerHTML = "位置情報を利用できません。";
</script>
<h3>現在の位置に関する情報</h3>
<div id="msg"> </div>
```

【実行結果】位置情報を表示(一部を黒塗り)

現在の位置に関する情報

緯度:35.3■■23
経度:13■.9■■268
高度:0
緯度・経度の誤差:20
高度の誤差:0
方角:NaN
速度:NaN

8.6 落ち穂拾い

　これまでに取り上げなかったことで、知っておくべきことを簡潔に説明します。

システムその他

オブジェクトを埋め込む　　　　　　　　　　　　embed

　embed 要素は、外部 HTML のような外部のオブジェクトを埋め込むことを表します。

　embed 要素の src 属性には、埋め込むリソースのアドレスを指定します。type 属性には MIME タイプを指定することができます。src 属性と type 属性の両方を指定する場合は、矛盾のないように指定する必要があります。

　embed 要素は Java のアプレットを埋め込むために使うことができますが、一般的にいえば、アプレットの利用は避けて、代わりに HTML5 と JavaScript および HTML5 関連の標準化された API を使うほうがよいでしょう。

　次の例は、Shockwave Flash Object を embed 要素を使って埋め込む例です。

```
<h3>embedのサンプル</h3>
<embed src="sample.swf" />
```

【実行結果】embed

embedのサンプル

外部リソースを使う　　　　　　　　　　　　　object

　object 要素は外部リソースを表します。

　object 要素の data 属性にリソースのアドレスを指定します。type 属性には、リソースの MIME タイプを指定します。data 属性か type 属性のうち少なくともひとつは指定しなければいけません。

　次の例は、ほかの HTML ドキュメントを object 要素を使って埋め込む例です。

```
<h3>objectのサンプル</h3>
<figure>
  <figcaption>HTML Clock</figcaption>
  <object data="clock.html"></object>
</figure>
```

【実行結果】object

objectのサンプル

    HTML Clock
    9:40:9

オンラインであるか確認する　　　　　　　　navigator.onLine

多くのアプリが、インターネットに接続されている前提で設計される傾向が強まっていますが、状況によってはネットワークにつながっていないこともあります。特に、携帯可能なユーザーエージェントの場合は、パケット数を増やさないためにあえてオフラインで使っている場合もあります。

ユーザーエージェントがオンラインであるかどうかは、navigator オブジェクトの onLine プロパティで調べることができます。ユーザーエージェントがオフラインであれば、navigator.orLine は false を返します。ただし、navigator.onLine が true を返した場合でも、それはネットワークに接続されていることを示しているだけで、必ずしもインターネットあるいは特定のサーバーに接続されることが保証されるわけではないという点に注意を払う必要があります。

次の例は、オンラインであるか、オフラインであるかを調べる例です。

```
<h3>ユーザーエージェントの状態</h3>
<div id="msg"></div>
<script type="text/javascript" >
  if (navigator.onLine)
    msg = "オンライン状態です。";
  else
    msg = "オフライン状態です。";
  document.getElementById("msg").innerHTML = msg;
```

システムその他

```
</script>
```

【実行結果】オンライン/オフラインを調べる

ユーザーエージェントの状態

オンライン状態です。

スクリーンのサイズを取得する　　screen.width、screen.height

CSS を活用して美しいページをデザインしても、ユーザーエージェントのスクリーンのサイズによっては意図したように表示されないことがあります。そこで、デザインが重要な HTML ページを記述するときには、screen オブジェクトの width と height プロパティを調べて、状況にあわせてデザインを変更するようにするとよいでしょう。

次の例はスクリーンのサイズを取得して表示する例です。

```
<h3>スクリーンの状態</h3>
<div id="msg"></div>
<script type="text/javascript" >
  var msg = "スクリーンの幅:" + screen.width + "<br/ >";
  msg += "スクリーンの高さ:" + screen.height;
  document.getElementById("msg").innerHTML = msg;
</script>
```

【実行結果】スクリーンのサイズを取得

スクリーンの状態

スクリーンの幅:1280
スクリーンの高さ:1024

(MEMO)

付録

付録A トラブルシューティング

A.1 ユーザーエージェント関連のトラブル

ここでは、Webブラウザやアプリなどユーザーエージェントの設定やバージョンに関するトラブルとその対策を示します。

期待した結果にならない

- HTML5とそれ以前では、大幅に変わっている点があります。以前のHTMLで使用可能であったタグでも、HTML5では使用できないものがあります（たとえば、<frame>、<center>、<right>など）。しかし、HTML5にほぼ対応しているユーザーエージェントでも、以前のHTMLの後方互換性を維持するために古い要素や書き方をサポートしているものもあります。現時点では、すべての環境で期待した結果になるようにするためには、使用する要素を厳選する必要があります。
- HTML5とその関連仕様はまだ確定していないので、以前の実装に基づいている情報で記述した場合、現時点では不正確または間違いであるために期待した結果が得られない場合があります。確定していない事柄に関しては、暫定的に、ユーザーエージェントごとに異なるオブジェクトを使うなどで対応できる場合もありますが、あくまでもHTML5と関連仕様が決まるまでの暫定的なものですので、本書ではそのようなものは扱っていません。

JavaScriptのプログラムを実行できない。

- 設定でJavaScriptを有効にしてください。
- JavaScriptをサポートしていない場合は、JavaScriptは使えません。
- HTML5とその関連仕様はまだ確定していません。確定していない事柄に関しては、暫定的に、ユーザーエージェントごとに異なるオブジェクトを使うなどで対応できる場合もありますが、あくまでもHTML5と関連仕様が決まるまでの暫定的なものですので、本書ではそのようなユーザーエージェントに依存するオブジェクトは扱いません。

表示される文字がおかしい。

- Webブラウザに本来表示される文字が表示されずに、意味不明の文字が表示される（いわゆる文字化けが起きる）場合には、表示しているドキュメントの文字コード（キャラクタセット）と、Webブラウザの文字コードの設定が異なる可能性があります。

  Windowsのユーザーエージェントの中には [Alt] キーを押してメニューバーを表示することができるものがあります。メニューから [表示] － [文字エンコード] や [表示] － [文字エンコーディング]、[表示] － [テキストエンコーディング] のような項目を探して選択して、表示される項目の中らかほかのエンコーディングを選択します。

ユーザーエージェントによっては問題が発生する

- あるユーザーエージェントでは何も問題がなくても、ほかのユーザーエージェントで問題が発生することがあります。

  HTML5と関連APIは策定が進められていますが、まだ確定していない部分があることと、ほぼ確定していてもユーザーエージェントが実装していないことがあります。本書では、特に断らない限り、どのユーザーエージェントでも原則的に期待したように機能する内容になっていますが、それでも本書の記述や仕様通りの結果が得られない場合があります。どうしても特定の環境の特定のユーザーエージェント固有の機能を使いたいときには、ユーザーエージェントの種類やバージョンごとに別のコードを実行するようにすることができますが、将来への互換性のために、本書ではこの方法は推奨しません。

A.2 HTML要素関係のトラブル

ここでは、HTMLの記述に関連するトラブルとその対策を示します。

タグが認識されていない

- HTML5では、<meta>のような空の要素は、/>で終わらなければなりません。
- 以前のHTMLで使用可能であったタグでも、HTML5では使用できないものがあります（たとえば、<frame>、<center>、<right>など）。

表示される文字がおかしい。

- Webブラウザに本来表示される文字が表示されずに、意味不明の文字が表示される（いわゆる文字化けが起きる）場合には、表示しているドキュメントの文字コード（キャラクタセット）と、Webブラウザの文字コードの設定が異なる可能性があります。
Webブラウザのエンコーディングの指定を変更すると、文字化けを起こさなくなります。Webブラウザのエンコーディングの指定を変更するには、次のようにします。

```
<meta charset="utf-8">
```

または

```
<meta http-equiv="Content-Type" content="text/html; charset=utf-8" />
```

charset属性を指定するmeta要素は、ファイルの先頭から1024バイト以内に記述する必要があります。

ある要素などに関する情報がない

- HTML5とその関連仕様はまだ確定していないので、本書やインターネット上に策定中の仕様書以外には情報がない場合があります。また、以前の実装に基づいている情報は、現時点では不正確または間違いである場合があります。

A.3 スクリプト関係のトラブル

「未定義またはNULL参照のプロパティ 'xxx' は設定できません」と表示される。

- ユーザーエージェントによってまだ認識されていない（表示されていない）要素などを参照しようとすると、このようなエラーメッセージが表示されることがあります。
たとえば、次のような例では、スクリプトのコードがmsgというIDを認識

できないためにエラーになることがあります。

```
<p>ナンタラ</p>
<script>
    document.getElementById("msg").innerHTML = "Hello";
</script>
<h3>ありゃありゃ</h3>
<div id="msg"> </div>
```

これを次のように順序を変えて書き換えると問題が解決することがあります。

```
<p>ナンタラ</p>
<h3>ありゃありゃ</h3>
<div id="msg"> </div>
<script>
    document.getElementById("msg").innerHTML = "Hello";
</script>
```

表示される文字がおかしい。

- JavaScript のみのファイル（.js）を読み込んで表示する HTML ファイルの場合、JavaScript のみのファイル（.js）と HTML ファイル（.html）の文字エンコーディングを同じにしないと、いわゆる文字化けが発生することがあります。

付録B 目的別索引

[C]

Cookie が送信されるパスを指定する　⇒　path（Cookie の属性）[312]
Cookie の Web サーバーの名前を指定する　⇒　domain（Cookie の属性）[312]
Cookie のセキュアなサーバーだけに送る　⇒　secure [313]
Cookie の有効／無効を判定する　⇒　[313]
Cookie の有効期限を設定する　⇒　expires（Cookie の属性）[310]
Cookie を保存する　⇒　[305]
Cookie を読み出す　⇒　[307]

[D]

details の内容の要約を表す　⇒　summary [205]

[F]

figure のキャプションを表示する　⇒　figcaption [198]
File API の利用が可能か確認する　⇒　[328]

[H]

HTML 文書であることを表す　⇒　html [184]

[L]

Local Storage へ読み書きする　⇒　setItem( ) [315]、getItem( ) [316]、[317]

[S]

Session Storage へ読み書きする　⇒　setItem( ) [319]、getItem( ) [319]

[W]

Web サーバーの名前を指定する　⇒　domain（Cookie の属性）[312]

[あ]

アーティクルを表示する　⇒　article [192]

アウトラインの色を指定する　⇒　outline-color（CSS プロパティ）[166]
アウトラインのスタイルを指定する　⇒　outline-style（CSS プロパティ）[167]
アウトラインの設定を指定する　⇒　outline（CSS プロパティ）[165]
アウトラインの太さを指定する　⇒　outline-width（CSS プロパティ）[168]
アクセントの強弱を指定する　⇒　stress（CSS プロパティ）[178]
アンダーラインを引く　⇒　u [225]
イタリック体にする　⇒　i [225]
位置情報を利用する　⇒　[336]
イメージマップのハイパーリンク領域を設定する　⇒　area [260]
イメージマップを作成する　⇒　map [259]
色を指定する　⇒　color（CSS プロパティ）[106]
印刷時の改ページ位置を指定する　⇒　page-break-after（CSS プロパティ）[170]、page-break-before（CSS プロパティ）[170]
印刷時の要素内での改ページを指定する　⇒　page-break-inside（CSS プロパティ）[171]
インデントする量を指定する　⇒　text-indent（CSS プロパティ）[118]
引用セクションであることを表す　⇒　blockquote [202]
引用であることを表す　⇒　q [233]
引用符を設定する　⇒　quotes（CSS プロパティ）[164]
インラインフレームの構造を定義する　⇒　iframe [221]
ウィンドウを閉じる　⇒　window.close( ) [189]
上からの距離を指定する　⇒　top（CSS プロパティ）[132]
上パディングを指定する　⇒　padding-top（CSS プロパティ）[129]
上マージンを指定する　⇒　margin-top（CSS プロパティ）[126]
上付き文字を表す　⇒　sup [229]
打ち消し線を引く　⇒　s [226]
オーディオを再生する　⇒　audio [289]
オブジェクトを埋め込む　⇒　embed [340]
音声源の垂直方向の角度を指定する　⇒　elevation（CSS プロパティ）[173]
音声源の水平方向の角度を指定する　⇒　azimuth（CSS プロパティ）[172]
音声のピッチの範囲を指定する　⇒　pitch-range（CSS プロパティ）[177]
音声のピッチを指定する　⇒　pitch（CSS プロパティ）[177]
音声の豊かさを指定する　⇒　richness（CSS プロパティ）[177]
オンラインであるか確認する　⇒　navigator.onLine プロパティ [341]
音量を指定する　⇒　voice-volume（CSS プロパティ）[174]

[か]

カーソルの形状を指定する　⇒　cursor（CSS プロパティ）[179]
改行してもよい位置を表す　⇒　wbr [200]
改行する　⇒　br [199]
外部リソースを使う　⇒　object [340]
外部リソースを埋め込む　⇒　object [207]
改ページ時の次ページの最低行数を指定する　⇒　widows（CSS プロパティ）[169]
改ページ時の前ページの最低行数を指定する　⇒　orphans（CSS プロパティ）[168]
カウンタの値をインクリメントする　⇒　counter-increment（CSS プロパティ）[162]
カウンタの値をリセットする　⇒　counter-reset（CSS プロパティ）[164]
重なりの順序を指定する　⇒　z-index（CSS プロパティ）[142]
画像を表示する　⇒　img [258]
行揃えの位置・均等割付を指定する　⇒　text-align（CSS プロパティ）[116]
強調する部分を表す　⇒　em [229]
行の高さを指定する　⇒　line-height（CSS プロパティ）[116]
距離を指定する　⇒　top（CSS プロパティ）[132]、bottom（CSS プロパティ）[132]、left（CSS プロパティ）[133]、right（CSS プロパティ）[133]
クリッピングする　⇒　clip（CSS プロパティ）[135]
計算結果を示す　⇒　output [247]
罫線付きのテーブルを作成する　⇒　table [211]
声の種類を指定する　⇒　voice-family（CSS プロパティ）[174]
コードであることを表す　⇒　code [203]
コマンドを指定する　⇒　command [250]
コンテンツを挿入する　⇒　content（CSS プロパティ）[161]
コントロールにラベルを付ける　⇒　label [238]

[さ]

削除された部分であることを表す　⇒　del [206]
作品のタイトルを表す　⇒　cite [203]
下からの距離を指定する　⇒　bottom（CSS プロパティ）[132]
下付き文字を表す　⇒　sub [228]
下パディングを指定する　⇒　padding-bottom（CSS プロパティ）[130]
下マージンを指定する　⇒　margin-bottom（CSS プロパティ）[127]
順序のあるリストを表示する　⇒　ol [219]、li [219]

詳細情報を表す　⇒　details［204］
上部のボーダーの色を指定する　⇒　border-top-color（CSS プロパティ）［148］
上部のボーダーのスタイルを指定する　⇒　border-top-style（CSS プロパティ）［150］
上部のボーダーの設定を指定する　⇒　border-top（CSS プロパティ）［144］
上部のボーダーの太さを指定する　⇒　border-top-width（CSS プロパティ）［146］
進行状況を示す　⇒　progress［247］
水平ラインを表示する　⇒　hr［196］
数式を表現する　⇒　math［251］
スクリーンのサイズを取得する　⇒　screen.width プロパティ［342］、screen.height プロパティ［342］
スクリプトでオーディオを再生する　⇒　script［291］
スクリプトでビデオを再生する　⇒　script［298］
スクリプトを使えない場合に対処する　⇒　noscript［186］
スクリプトを記述する　⇒　script［186］
図形を描く　⇒　canvas［262］
スタイルシートを記述する　⇒　style［186］
図やソースコードなどを表示する　⇒　figure［196］
セキュアなサーバーだけに送る　⇒　secure［313］
セクションの背景画像を表示する　⇒　section［258］、style の background-image 属性［258］
セクションを表示する　⇒　section［192］
セレクトボックスを作成する　⇒　select［243］、option［243］
選択肢をグループ化する　⇒　optgroup［245］
そのページと関連性が薄いコンテンツを表す　⇒　aside［194］

［た］

タイトルを指定する　⇒　title［184］
高さを指定する　⇒　height（CSS プロパティ）［122］
高さの最小値を指定する　⇒　min-height（CSS プロパティ）［124］
高さの最大値を指定する　⇒　max-height（CSS プロパティ）［123］
縦にはみ出た内容の表示方法を指定する　⇒　overflow-y（CSS プロパティ）［140］
縦方向の揃え位置を指定する　⇒　vertical-align（CSS プロパティ）［120］
単語の間隔を指定する　⇒　word-spacing（CSS プロパティ）［122］
段落を表示する　⇒　p［198］

小さな文字で表現する　⇒　small［229］
中央揃えにする　⇒　div［200］
追加された部分であることを表す　⇒　ins［205］
強い重要性を表す　⇒　strong［230］
定義リストを表す　⇒　dl［220］、dt［220］、dd［220］
底辺のボーダーの色を指定する　⇒　border-bottom-color（CSSプロパティ）［148］
底辺のボーダーのスタイルを指定する　⇒　border-bottom-style（CSSプロパティ）［15］
底辺のボーダーの設定を指定する　⇒　border-bottom（CSSプロパティ）［144］
底辺のボーダーの太さを指定する　⇒　border-bottom-width（CSSプロパティ）［146］
テーブル（罫線付き）を作成する　⇒　table［211］
テーブルにキャプションをつける　⇒　caption［213］
テーブルのキャプションの位置を指定する　⇒　caption-side（CSSプロパティ）［153］
テーブルの空白セルの表示／非表示を指定する　⇒　empty-cells（CSSプロパティ）［154］
テーブルの見出しを作成する　⇒　th［214］
テーブルのフッタ部分を定義する　⇒　tfoot［217］
テーブルのヘッダ部分を定義する　⇒　thead［217］
テーブルのボーダーの間隔を指定する　⇒　border-spacing（CSSプロパティ）［152］
テーブルのボーダーの表示方法を指定する　⇒　border-collapse（CSSプロパティ）［151］
テーブルのボディ部分を定義する　⇒　tbody［217］
テーブルのレイアウト方法を指定する　⇒　table-layout（CSSプロパティ）［155］
テーブルを表示する　⇒　table［211］
テキストに影をつける　⇒　text-shadow（CSSプロパティ）［119］
テキストの装飾を指定する　⇒　text-decoration（CSSプロパティ）［117］
テキストの変換方法を指定する　⇒　text-transform（CSSプロパティ）［119］
適用するページボックス名を指定する　⇒　page（CSSプロパティ）［169］
ドキュメントの種類を指定する　⇒　meta［185］
ドキュメントをクリアする　⇒　element.innerHTML［188］
ドキュメントを読み込む　⇒　meta［185］
特定の範囲の中の値を表す　⇒　meter［248］

[な]

ナビゲーションリンクを表示する　⇒　nav［193］
なんでも指定する　⇒　div［195］
入力データリストを定義する　⇒　datalist［244］

[は]

背景画像のスクロールを指定する　⇒　background-attachment（CSSプロパティ）[107]
背景画像の表示開始位置を指定する　⇒　background-position（CSSプロパティ）[108]
背景画像のリピートの方法を指定する　⇒　background-repeat（CSSプロパティ）[109]
背景画像を指定する　⇒　background-image（CSSプロパティ）[108]
背景画像を表示する　⇒　styleのbackground-image [257]
背景色を指定する　⇒　background-color（CSSプロパティ）[108]
背景を指定する　⇒　background（CSSプロパティ）[107]
ハイパーリンクを指定する　⇒　a [209]
パディングを指定する　⇒　padding（CSSプロパティ）[128]、padding-top（CSSプロパティ）[129]、padding-bottom（CSSプロパティ）[130]、padding-left（CSSプロパティ）[131]、padding-right（CSSプロパティ）[131]
幅の最小値を指定する　⇒　min-width（CSSプロパティ）[125]
幅の最大値を指定する　⇒　max-width（CSSプロパティ）[125]
幅を指定する　⇒　width（CSSプロパティ）[124]
はみ出た内容の表示方法を指定する　⇒　overflow（CSSプロパティ）[139]
範囲を定義する　⇒　span [204]
左からの距離を指定する　⇒　left（CSSプロパティ）[133]
左側のボーダーの色を指定する　⇒　border-left-color（CSSプロパティ）[149]
左側のボーダーのスタイルを指定する　⇒　border-left-style（CSSプロパティ）[150]
左側のボーダーの設定を指定する　⇒　border-left（CSSプロパティ）[144]
左側のボーダーの太さを指定する　⇒　border-left-width（CSSプロパティ）[147]
左パディングを指定する　⇒　padding-left（CSSプロパティ）[131]
左マージンを指定する　⇒　margin-left（CSSプロパティ）[128]
日付や時刻を正確に示す　⇒　time [203]
ビデオだけを再生する　⇒　video [297]
ビデオを再生する　⇒　video [295]
表の縦列の属性やスタイルを指定する　⇒　col [216]
表の縦列をグループ化する　⇒　colgroup [215]
ファイルへアクセスする　⇒　[303]、[328]
フォーマット済みテキストのブロックを表す　⇒　pre [201]
フォーム送信時にキーを発行する　⇒　keygen [246]
フォームのグループにキャプションを付ける　⇒　legend [238]
フォームの入力項目をグループ化する　⇒　fieldset [237]

フォームの入力コントロールを作成する　⇒　input［238］
フォームを作る　⇒　form［235］
フォントのウェイトを指定する　⇒　font-weight（CSS プロパティ）［114］
フォントのサイズを指定する　⇒　font-size（CSS プロパティ）［111］
フォントのサイズを調整する　⇒　font-size-adjust（CSS プロパティ）［112］
フォントの種類を指定する　⇒　font-family（CSS プロパティ）［111］
フォントをイタリック体にする　⇒　font-style（CSS プロパティ）［113］
フォントを指定する　⇒　font（CSS プロパティ）［110］
フォントを縦長／横長にする　⇒　font-stretch（CSS プロパティ）［112］
フォントを変換する　⇒　font-variant（CSS プロパティ）［114］
複数行のテキスト入力フィールドを作成する　⇒　textarea［246］
プラグインデータを埋め込む　⇒　embed［206］
プラグインのパラメータを指定する　⇒　param［208］
プログラムによる出力結果のサンプルであることを示す　⇒　samp［234］
文書製作者への連絡先を表す　⇒　address［202］
文書に関する情報を指定する　⇒　meta［185］
文書の本体を表す　⇒　body［190］
文の方向を指定する　⇒　direction（CSS プロパティ）［136］
ページの特定の場所にリンクする　⇒　a［209］
ページのフッターを表示する　⇒　footer［191］
ページのヘッダーを表示する　⇒　header［190］
ベース URL を指定する　⇒　base［187］
ヘッダーの見出しをグループ化する　⇒　hgroup［191］
変数であることを示す　⇒　var［227］
ボーダーの色を指定する　⇒　border-color（CSS プロパティ）［148］、border-top-color（CSS プロパティ）［148］、border-bottom-color（CSS プロパティ）［148］、border-left-color（CSS プロパティ）［149］、border-right-color（CSS プロパティ）［149］
ボーダーのスタイルを指定する　⇒　border-style（CSS プロパティ）［149］、border-top-style（CSS プロパティ）［150］、border-bottom-style（CSS プロパティ）［15］、border-left-style（CSS プロパティ）［150］、border-right-style（CSS プロパティ）［151］
ボーダーの設定を指定する　⇒　border（CSS プロパティ）［143］、border-top（CSS プロパティ）［144］、border-bottom（CSS プロパティ）［144］、border-left（CSS プロパティ）［144］、border-right（CSS プロパティ）［145］
ボーダーの太さを指定する　⇒　border-width（CSS プロパティ）［145］、border-top-

width（CSS プロパティ）［146］、border-bottom-width（CSS プロパティ）［146］、border-left-width（CSS プロパティ）［147］、border-right-width（CSS プロパティ）［147］
ボールド体にする　⇒　b［224］
ボタンを作成する　⇒　button［242］
ホワイトスペースの表示方法を指定する　⇒　white-space（CSS プロパティ）［121］

[ま]

マークを付ける　⇒　mark［230］
マージンを指定する　⇒　margin（CSS プロパティ）［125］、margin-top（CSS プロパティ）［126］、margin-bottom（CSS プロパティ）［127］、margin-left（CSS プロパティ）［128］、margin-right（CSS プロパティ）［128］
回り込み表示方法を指定する　⇒　float（CSS プロパティ）［134］
回り込みを解除する　⇒　clear（CSS プロパティ）［135］
右からの距離を指定する　⇒　right（CSS プロパティ）［133］
右側のボーダーの色を指定する　⇒　border-right-color（CSS プロパティ）［149］
右側のボーダーのスタイルを指定する　⇒　border-right-style（CSS プロパティ）［151］
右側のボーダーの設定を指定する　⇒　border-right（CSS プロパティ）［145］
右側のボーダーの太さを指定する　⇒　border-right-width（CSS プロパティ）［147］
右揃えにする　⇒　style［201］
右パディングを指定する　⇒　padding-right（CSS プロパティ）［131］
右マージンを指定する　⇒　margin-right（CSS プロパティ）［128］
見出しを表示する　⇒　h1［194］、h2［194］、h3［194］、h4［194］、h5［194］、h6［194］
メールを送れるようにする　⇒　a［210］
メニューを作成する　⇒　menu［249］
文字の間隔を指定する　⇒　letter-spacing（CSS プロパティ）［115］
文字のスタイルを変える　⇒　style［227］
文字表記の方向を direction で上書きする　⇒　unicode-bidi（CSS プロパティ）［141］

[や]

ユーザーが入力する内容であることを示す　⇒　kbd［234］
要素の後の合図音を指定する　⇒　cue-after（CSS プロパティ）［175］
要素の後の音声の一時停止を指定する　⇒　pause-after（CSS プロパティ）［176］
要素の前後の合図音を指定する　⇒　cue（CSS プロパティ）［175］
要素の前後の音声の一時停止時間を指定する　⇒　pause（CSS プロパティ）［176］

要素の配置方法を指定する　⇒　position（CSS プロパティ）[140]
要素の表示／非表示を指定する　⇒　visibility（CSS プロパティ）[180]
要素の表示形式を指定する　⇒　display（CSS プロパティ）[137]
要素の前の合図音を指定する　⇒　cue-before（CSS プロパティ）[175]
要素の前の音声の一時停止を指定する　⇒　pause-before（CSS プロパティ）[176]
横にはみ出た内容の表示方法を指定する　⇒　overflow-x（CSS プロパティ）[139]
読み上げ方法を指定する　⇒　speak（CSS プロパティ）[171]
読み上げる速さを指定する　⇒　speek-rate（CSS プロパティ）[178]
読み上げる方法を指定する　⇒　speak-as（CSS プロパティ）[172]

[ら]

リストのマーカー画像を指定する　⇒　list-style-image（CSS プロパティ）[158]
リストのマーカーの配置を指定する　⇒　list-style-position（CSS プロパティ）[160]
リストのマーカー文字の種類を指定する　⇒　list-style-type（CSS プロパティ）[159]
リストのマーカーを指定する　⇒　list-style（CSS プロパティ）[157]
リストを作成する　⇒　ul［218］、li［218］
略語の定義を行う　⇒　dfn［232］、abbr［232］
リンクする外部リソースを指定する　⇒　link［187］
ルビをふる　⇒　ruby［231］、rt［231］、rp［231］

付録C タグ索引

[A]

a	209, 210
abbr	232
address	202
area	260
article	91, 192
aside	194
audio	289

[B]

b	224
base	187
blockquote	202
body	190
br	199
button	242

[C]

canvas	262
caption	213
cite	203
code	203
col	216
colgroup	215
command	250

[D]

datalist	244
dd	220
del	206
details	204
dfn	232
div	195, 200
dl	220
dt	220

[E]

em	229
embed	206, 340

[F]

fieldset	237
figcaption	198
figure	196
footer	91, 191
form	235

[H]

h1	194
h2	194
h3	194
h4	194
h5	194
h6	194
header	91, 190
hgroup	191
hr	196
html	184

[I]

i	225
iframe	221
img	258
input	238

ins 205

[K]

kbd 234
keygen 246

[L]

label 238
legend 238
li 218, 219
link 187

[M]

map 259
mark 230
math 251
menu 249
meta 185
meter 248

[N]

nav 193
noscript 186

[O]

object 207, 340
ol 219
optgroup 245
option 243
output 247

[P]

p 198
param 208
pre 201
progress 247

[Q]

q 233

[R]

rp 231
rt 231
ruby 231

[S]

s 226
samp 234
script 186, 291, 298
section 91, 258
select 243
small 229
span 204
strong 230
style 186, 227, 257, 258
sub 228
summary 205
sup 229

[T]

table 211
tbody 217
textarea 246
tfoot 217
th 214
thead 217
time 203
title 184

[U]

u 225
ul 218

358

[V]

var 227
video 295, 297

[W]

wbr 200

付録D HTML5/CSS 関連索引

[記号]

%	19
.css	98
.html	13
:active（擬似クラス）	100
:after（擬似要素）	101
:before（擬似要素）	101
:first-child（擬似クラス）	100
:first-letter（擬似要素）	101
:first-line（擬似要素）	101
:focus（擬似クラス）	100
:hover（擬似クラス）	100
:lang（擬似クラス）	100
:link（擬似クラス）	100
:not( )（擬似要素）	101
:visited（擬似クラス）	100
<!-- -->	15

[A]

a（SVG 要素）	273
abort( )（File API）	331
addColorStop( )（context メソッド）	266
altGlyphDef（SVG 要素）	273
animate（SVG 要素）	273
animateColor（SVG 要素）	273
animateMotion（SVG 要素）	273
animateTransform（SVG 要素）	273
arc( )（context メソッド）	266
arcTo( )（context メソッド）	266
azimuth（CSS プロパティ）	172

[B]

background（CSS プロパティ）	107
background-attachment（CSS プロパティ）	107
background-color（CSS プロパティ）	108
background-image（CSS プロパティ）	108
background-position（CSS プロパティ）	108
background-repeat（CSS プロパティ）	109
beginPath( )（context メソッド）	266
bezierCurveTo( )（context メソッド）	266
border（CSS プロパティ）	143
border-bottom（CSS プロパティ）	144
border-bottom-color（CSS プロパティ）	148
border-bottom-style（CSS プロパティ）	15
border-bottom-width（CSS プロパティ）	146
border-collapse（CSS プロパティ）	151
border-color（CSS プロパティ）	148
border-left（CSS プロパティ）	144
border-left-color（CSS プロパティ）	149
border-left-style（CSS プロパティ）	150
border-left-width（CSS プロパティ）	147
border-right（CSS プロパティ）	145
border-right-color（CSS プロパティ）	149
border-right-style（CSS プロパティ）	151
border-right-width（CSS プロパティ）	147
border-spacing（CSS プロパティ）	152
border-style（CSS プロパティ）	149
border-top（CSS プロパティ）	144
border-top-color（CSS プロパティ）	148
border-top-style（CSS プロパティ）	150
border-top-width（CSS プロパティ）	146
border-width（CSS プロパティ）	145

bottom（CSS プロパティ）............................. 132

[C]

caption-side（CSS プロパティ）..................... 153
ch.. 19
circle（SVG 要素）... 273
clear（CSS プロパティ）................................. 135
clear()（Web Strage）..................................... 321
clearRect()（context メソッド）................... 266
clearWatch()（Geolocation API）................ 337
clip（CSS プロパティ）................................... 135
clip()（context メソッド）.............................. 266
clipPath（SVG 要素）.. 274
closePath()（context メソッド）................... 266
cm 20
color（CSS プロパティ）................................. 106
color-profile（SVG 要素）............................... 274
content（CSS プロパティ）............................ 161
context.. 265
Cookie...302, 304
counter-increment（CSS プロパティ）........ 162
counter-reset（CSS プロパティ）................. 164
createImageData()（context メソッド）
....266, 267
createLinearGradient()（context メソッド）
.... 267
createPattern()（context メソッド）........... 267
createRadialGradient()（context メソッド）
.... 267
CSS.. 17, 90
cue（CSS プロパティ）.................................... 175
cue-after（CSS プロパティ）.......................... 175
cue-before（CSS プロパティ）...................... 175
cursor（CSS プロパティ）............................... 179
cursor（SVG 要素）.. 274

[D]

defs（SVG 要素）... 274
desc（SVG 要素）... 274
direction（CSS プロパティ）.......................... 136
display（CSS プロパティ）............................. 137
DOCTYPE 6
domain（Cookie の属性）................................. 312
drawFocusRing()（context メソッド）....... 267
drawImage()（context メソッド）................ 267

[E]

elevation（CSS プロパティ）......................... 173
ellipse（SVG 要素）.. 274
em 19
empty-cells（CSS プロパティ）..................... 154
ex 19
expires（Cookie の属性）................................ 310

[F]

feBlend（SVG フィルタ要素）...................... 279
feColorMatrix（SVG フィルタ要素）........... 279
feComponentTransfer（SVG フィルタ要素）
.... 279
feComposite（SVG フィルタ要素）............. 279
feConvolveMatrix（SVG フィルタ要素）... 279
feDiffuseLighting（SVG フィルタ要素）.... 279
feDisplacementMap（SVG フィルタ要素） 279
feDistantLight（SVG フィルタ要素）.......... 279
feFlood（SVG フィルタ要素）...................... 278
feGaussianBlur（SVG フィルタ要素）........ 279
feImage（SVG フィルタ要素）..................... 278
feMerge（SVG フィルタ要素）..................... 279
feMorphology（SVG フィルタ要素）........... 279
feOffset（SVG フィルタ要素）..................... 279
fePointLight（SVG フィルタ要素）............. 279
feSpecularLighting（SVG フィルタ要素）. 279

feSpotLight（SVG フィルタ要素）............... 279
feTile（SVG フィルタ要素）........................ 279
feTurbulence（SVG フィルタ要素）............ 279
File API...303, 328
File API:Directories and System................... 303
File API:Writer....................................303, 333
fill( )（context メソッド）................................. 267
fillRect( )（context メソッド）......................... 267
fillText( )（context メソッド）......................... 267
filter（SVG 要素）.. 274
float（CSS プロパティ）................................. 134
font（CSS プロパティ）................................. 110
font（SVG 要素）... 274
font-face（SVG 要素）................................... 274
font-family（CSS プロパティ）...................... 111
font-size（CSS プロパティ）.......................... 111
font-size-adjust（CSS プロパティ）............. 112
font-stretch（CSS プロパティ）.................... 112
font-style（CSS プロパティ）........................ 113
font-variant（CSS プロパティ）..................... 114
font-weight（CSS プロパティ）..................... 114
foreignObject（SVG 要素）............................. 274

[G]

g（SVG 要素）... 274
Geolocation API..................................303, 336
getCurrentPosition( )（Geolocation API）
.... 337
getImageData( )（context メソッド）.......... 267
getItem( )（Web Strage）.......................316, 321
GPS 336

[H]

height（CSS プロパティ）.............................. 122
HTML ファイル名.. 13

[I]

image（SVG 要素）... 274
in.. 20
Indexed Database API...................................... 302
isPointInPath( )（context メソッド）........... 267

[J]

JavaScript... 16

[K]

key( )（Web Strage）.. 321

[L]

left（CSS プロパティ）................................... 133
letter-spacing（CSS プロパティ）................ 115
line（SVG 要素）.. 274
linearGradient（SVG 要素）........................... 274
line-height（CSS プロパティ）..................... 116
lineTo( )（context メソッド）......................... 267
list-style（CSS プロパティ）........................... 157
list-style-image（CSS プロパティ）............. 158
list-style-position（CSS プロパティ）.......... 160
list-style-type（CSS プロパティ）................. 159
Local Strage 314

[M]

margin（CSS プロパティ）............................. 125
margin-bottom（CSS プロパティ）.............. 127
margin-left（CSS プロパティ）..................... 128
margin-right（CSS プロパティ）.................. 128
margin-top（CSS プロパティ）..................... 126
marker（SVG 要素）... 274
mask（SVG 要素）.. 274
MathML... 251
max-height（CSS プロパティ）..................... 123
max-width（CSS プロパティ）...................... 125

measureText()（context メソッド）............ 268
metadata（SVG 要素）............................ 274
min-height（CSS プロパティ）................ 124
min-width（CSS プロパティ）................. 125
mm.. 20
moveTo()（context メソッド）................. 268

[O]

orphans（CSS プロパティ）..................... 168
outline（CSS プロパティ）...................... 165
outline-color（CSS プロパティ）............. 166
outline-style（CSS プロパティ）............. 167
outline-width（CSS プロパティ）............ 168
overflow（CSS プロパティ）.................... 139
overflow-x（CSS プロパティ）................. 139
overflow-y（CSS プロパティ）................. 140

[P]

padding（CSS プロパティ）..................... 128
padding-bottom（CSS プロパティ）........ 130
padding-left（CSS プロパティ）.............. 131
padding-right（CSS プロパティ）............ 131
padding-top（CSS プロパティ）.............. 129
page（CSS プロパティ）.......................... 169
page-break-after（CSS プロパティ）....... 170
page-break-before（CSS プロパティ）..... 170
page-break-inside（CSS プロパティ）..... 171
path（Cookie の属性）............................. 312
path（SVG 要素）..................................... 274
pattern（SVG 要素）................................ 274
pause（CSS プロパティ）........................ 176
pause-after（CSS プロパティ）............... 176
pause-before（CSS プロパティ）............. 176
pc... 20
PHP.. 17
pitch（CSS プロパティ）......................... 177

pitch-range（CSS プロパティ）............... 177
polygon（SVG 要素）............................... 274
polyline（SVG 要素）............................... 274
position（CSS プロパティ）..................... 140
pt... 20
putImageData()（context メソッド）....... 268
px.. 20

[Q]

quadraticCurveTo()（context メソッド）
.... 268
quotes（CSS プロパティ）....................... 164

[R]

radialGradient（SVG 要素）.................... 274
readAsArrayBuffer()（File API）............. 331
readAsDataURL()（File API）................. 331
readAsText()（File API）......................... 331
rect()（context メソッド）....................... 268
rect（SVG 要素）...................................... 274
rem.. 19
removeItem()（Web Strage）................... 321
restore()（context メソッド）.................. 268
richness（CSS プロパティ）................... 177
right（CSS プロパティ）......................... 133
rotate()（context メソッド）................... 268

[S]

save()（context メソッド）...................... 268
scale()（context メソッド）..................... 268
script（SVG 要素）................................... 274
scriptref（SVG 要素）.............................. 274
secure（Cookie の属性）......................... 313
Session Strage.. 314
set（SVG 要素）....................................... 274
setItem()（Web Strage）...................315, 321

setTransform() (context メソッド) 268
speak (CSS プロパティ) 171
speak-as (CSS プロパティ) 172
speek-rate (CSS プロパティ) 178
stress (CSS プロパティ) 178
stroke() (context メソッド) 268
strokeRect() (context メソッド) 268
strokeText() (context メソッド) 268
style (SVG 要素) 274
SVG 256, 271
svg (SVG 要素) 274
SVG の埋め込み 280
switch (SVG 要素) 274
symbol (SVG 要素) 274

[T]

table-layout (CSS プロパティ) 155
text (SVG 要素) 274
text-align (CSS プロパティ) 116
text-decoration (CSS プロパティ) 117
text-indent (CSS プロパティ) 118
text-shadow (CSS プロパティ) 119
text-transform (CSS プロパティ) 119
title (SVG 要素) 274
top (CSS プロパティ) 132
transform() (context メソッド) 268
translate() (context メソッド) 268

[U]

unicode-bidi (CSS プロパティ) 141
URL 20
use (SVG 要素) 275

[V]

vertical-align (CSS プロパティ) 120
vh 19

view (SVG 要素) 275
visibility (CSS プロパティ) 180
vm 19
vmin 19
voice-family (CSS プロパティ) 174
voice-volume (CSS プロパティ) 174

[W]

W3C 2
watchPosition() (Geolocation API) 337
Web SQL Database 302
Web Storage 302, 314
white-space (CSS プロパティ) 121
widows (CSS プロパティ) 169
width (CSS プロパティ) 124
word-spacing (CSS プロパティ) 122

[X]

XML 11

[Z]

z-index (CSS プロパティ) 142

[あ]

アニメーション要素 (SVG) 276
位置 122
位置情報 303, 336
イベント (Web Strage) 323
イメージ 256
色 23, 106
印刷 168
インチ単位 20
インデント 10
インライン CSS 92
インラインフレーム 221
オーディオ 289

364

付録D　HTML5/CSS 関連索引

オーディオ MIME タイプ 285
音声 171

[か]

開始タグ 4
画像 256
空要素 8
擬似クラス 100
記述要素（SVG）... 276
擬似要素 100
クッキー 302, 304
クライアントシステム 302
グラフィックス 256
グローバル日時 22
構造要素（SVG）... 278
コメント 15
子要素 7
コンテンツ 161, 198

[さ]

サイズ 122
シェイプ要素（SVG）................................... 278
終了タグ 4
数値 18
スクリプト 16
スタイルシートファイル 98
スタイル指定 94, 95
スペース文字 16
選択 234
全地球測位システム 336
センチメートル単位 20

[た]

タグ 7
タグの入れ子 13
データの保存 302

テーブル 151, 211
テキスト 116
ドキュメント 184

[な]

内容の要素 190
ナビゲーション・リンク 91
入力 234

[は]

パイカ単位 20
背景 107
配置 122
ハイパーリンク 209
ピクセル単位 20
ビデオ 295
ビデオの MIME タイプ 287
表示領域の高さ 19
表示領域の横幅 19
ファイルアクセス 303, 328
フィルタ要素（SVG）................................... 278
フォント 110
フォントサイズ 19
フッター 91
文 233
ペイントサーバー要素（SVG）..................... 277
ヘッダー 91
ポイント単位 20
ボーダー 143

[ま]

マルチメディア 284
ミリメートル単位 20
文字 14, 116, 224
文字の高さ 19
文字の横幅 19

文字列 224

[や]
要素 6

[ら]
リスト 151, 211
ルート要素 6

付録E JavaScript 関連索引

[記号・数字]

!	71
!=	70
!==	70
%	66
&	68
&&	71
&=	68
( )	76
*	66
*=	68
+	66, 72
++	66
+=	67, 72
,	72
-	66
--	66
-=	67
.	72
.js	35
/	66
/* */	39
//	39
/=	68
<	70
<<	68
<<=	68
<=	70
=	64, 67
==	70
===	70
>	70
>=	70
>>	68
>>=	68
>>>	68
>>>=	68
?:	72
[ ]	72, 80
^	68
^=	68
|	68
|=	68
||	71
~	68
8進数リテラル	40
10進数リテラル	40
16進数リテラル	41

[A]

AND 代入 68

[B]

break 59

[C]

contiue 60

[D]

delete 72
do…while 58

[F]

for 55

367

function	73

[G]
get	73

[I]
if	48
in	73
Infinity	64
instanceof	73

[J]
JavaScript ファイル名	35

[N]
NaN	65
new	73, 81
NOT	71

[O]
onabort イベントハンドラ	87
onblur イベントハンドラ	87
onchange イベントハンドラ	87
onclick イベントハンドラ	87
ondbclick イベントハンドラ	87
ondragdrop イベントハンドラ	87
onerror イベントハンドラ	87
onfocus イベントハンドラ	87
onhelp イベントハンドラ	88
onkeydown イベントハンドラ	88
onkeypress イベントハンドラ	88
onkeyup イベントハンドラ	88
onload イベントハンドラ	88
onmousedown イベントハンドラ	88
onmouseout イベントハンドラ	88
onmouseover イベントハンドラ	88
onmouseup イベントハンドラ	88
OR 代入	68

[R]
return	45, 61

[S]
set	73
switch	52

[T]
this	73, 82
typeof	73

[U]
undefined	65

[V]
var	41
void	73

[W]
while	56

[あ]
値	63
イベント	83
イベントハンドラ	84
インクリメント	66
インスタンス	81
インデント	38
演算	63
演算子	65
オブジェクト	77
オブジェクト指向	77
オブジェクトのメンバー	72

[か]

加算	66
加算代入	67
関係演算子	70
関数	45
空白	37
繰り返し	55
結合性（演算子）	76
減算	66
減算代入	67
コメント	39
コンストラクタ	81
コンマ演算子	72

[さ]

再帰	45
算術演算子	66
式	63
実行制御	59
実数	44
実数リテラル	41
ジャンプ	62
条件 AND	71
条件 OR	71
条件演算	72
条件分岐	48
乗算代入	68
剰余	66
除算	66
除算代入	68
数値リテラル	40
制御構造	48
整数	44
ゼロで埋める右シフト	68
ゼロで埋める右シフト代入	68

[た]

代入	67
代入演算子	67
代入式	64
データ型	42
デクリメント	66
等値	70
同値	70
特殊演算子	72
特殊な値	64

[は]

排他的 OR	68
排他的 OR 代入	68
非数	65
左シフト	68
左シフト代入	68
ビット演算子	68
ビットごとの XOR	68
ビットごとの AND	68
ビットごとの NOT	68
ビットごとの OR	68
複数メソッド	83
符号伝播右シフト	68
符号伝播右シフト代入	68
不等価	70
不同値	70
プロパティ	78
ヘッド関数	33
変数	41
補数	68
ボディスクリプト	32

[ま]

未定義	65
無限大	64

無限ループ	57
メソッド	80
メンバー演算子	72
モジョロ	66
文字リテラル	40
文字列演算子	72
文字列の連結	72
文字列の連結代入	72
文字列表記	80

[や]

優先順位（演算子）	75
より大きい	70
より大きいか等しい	70
より小さい	70
より小さいか等しい	70

[ら]

ラベル	62
リテラル	40
論理演算子	71
論理積	71
論理否定	71
論理和	71

参考リソース

HTML5
    http://www.w3.org/TR/html5/
CSS-CurrentStatus
    http://www.w3.org/standards/techs/css
CSS3-Snapshot-2010
    http://www.w3.org/TR/css-2010/
CSS3-Syntax
    http://www.w3.org/TR/css3-syntax/
CSS3-Selectors
    http://www.w3.org/TR/css3-selectors/
CSS3-Cascade
    http://www.w3.org/TR/css3-cascade/
CSS3-Namespace
    http://www.w3.org/TR/css3-namespace/
CSS3-Values&Units
    http://www.w3.org/TR/css3-values/
CSS3-2D-Transforms
    http://www.w3.org/TR/css3-2d-transforms/
CSS3-3D-Transforms
    http://www.w3.org/TR/css3-3d-transforms/
CSS3-Animations
    http://www.w3.org/TR/css3-animations/
CSS3-Backgrounds
    http://www.w3.org/TR/css3-background/ (CREC)
CSS3-Box
    http://www.w3.org/TR/css3-box/
CSS3-Color
    http://www.w3.org/TR/css3-color/
CSS3-Content
    http://www.w3.org/TR/css3-content/

CSS3-Flexbox
   http://www.w3.org/TR/css3-flexbox/
CSS3-Fonts
   http://www.w3.org/TR/css3-fonts/
CSS3-GCPM
   http://www.w3.org/TR/css3-gcpm/
CSS3-Grid
   http://www.w3.org/TR/css3-grid/
CSS3-Hyperlink
   http://www.w3.org/TR/css3-hyperlinks/
CSS3-Images
   http://www.w3.org/TR/css3-images/ (CREC)
CSS3-Layout
   http://www.w3.org/TR/css3-layout/
CSS3-Linebox
   http://www.w3.org/TR/css3-linebox/
CSS3-List
   http://www.w3.org/TR/css3-lists/
CSS3-Marquee
   http://www.w3.org/TR/css3-marquee/ (CREC)
CSS3-Multicol
   http://www.w3.org/TR/css3-multicol/ (CREC)
CSS3-Page
   http://www.w3.org/TR/css3-page/
CSS3-Positioning
   http://www.w3.org/TR/css3-positioning/
CSS3-Preslev
   http://www.w3.org/TR/css3-preslev/
CSS3-Ruby
   http://www.w3.org/TR/css3-ruby/
CSS3-Speech
   http://www.w3.org/TR/css3-speech/ (CREC)
CSS3-Text
   http://www.w3.org/TR/css3-text/

CSS3-Transitions
    http://www.w3.org/TR/css3-transitions/
CSS3-UI
    http://www.w3.org/TR/css3-ui/
CSS3-WritingMode
    http://dev.w3.org/csswg/css3-writing-modes/
MathML2
    http://www.w3.org/TR/MathML2/
SVG
    http://www.w3.org/Graphics/SVG/
SVGフィルタ
    http://www.w3.org/TR/SVG/filters.html
SVG2
    http://www.w3.org/TR/SVG2/
Web Audio API
    http://www.w3.org/TR/webaudio/
File API
    http://www.w3.org/TR/FileAPI/
File API: Writer
    http://www.w3.org/TR/file-writer-api/
File API: Directories and System
    http://www.w3.org/TR/file-system-api/
読んではイケナイ病気と病院Q&A―医療の非！常識―
    http://www.itazurasky.net/yabuichikuan/

■ 著者プロフィール

日向 俊二（ひゅうが・しゅんじ）

コンピュータサイエンティスト、ソフトウェアエンジニア。前世紀の中ごろにこの世に出現し、FORTRAN や C、BASIC でプログラミングを始め、その後、主にプログラミング言語とプログラミング分野での著作、翻訳、監修などを精力的に行う。わかりやすい解説が好評で、著書の中には外国語に翻訳されて海外で出版されているものもある。現在までに、コンピュータサイエンス、インタープリタ、コンパイラ、Visual Basic、C/C++、Java、C#、XML、アセンブラ、FORTRAN、Scala などに関する著作多数。

HTML5 エッセンシャルブック

2013 年 9 月 10 日　　初版第 1 刷発行

著　者	日向 俊二
発行人	石塚 勝敏
発　行	株式会社 カットシステム
	〒 169-0073 東京都新宿区百人町 4-9-7　新宿ユーエストビル 8F
	TEL （03）5348-3850　　FAX （03）5348-3851
	URL　http://www.cutt.co.jp/
	振替　00130-6-17174
印　刷	シナノ書籍印刷 株式会社

本書に関するご意見、ご質問は小社出版部宛まで文書か、sales@cutt.co.jp 宛に e-mail でお送りください。電話によるお問い合わせはご遠慮ください。また、本書の内容を超えるご質問にはお答えできませんので、あらかじめご了承ください。

■ 本書の内容の一部あるいは全部を無断で複写複製（コピー・電子入力）することは、法律で認められた場合を除き、著作者および出版者の権利の侵害になりますので、その場合はあらかじめ小社あてに許諾をお求めください。

Cover design　Y.Yamaguchi　　© 2013 日向俊二
Printed in Japan　ISBN978-4-87783-325-1

色の名前と16進表現

表見返しから続く

名前	16進表現	色
Maroon	#800000	
MediumAquamarine	#66CDAA	
MediumBlue	#0000CD	
MediumOrchid	#BA55D3	
MediumPurple	#9370DB	
MediumSeaGreen	#3CB371	
MediumSlateBlue	#7B68EE	
MediumSpringGreen	#00FA9A	
MediumTurquoise	#48D1CC	
MediumVioletRed	#C71585	
MidnightBlue	#191970	
MintCream	#F5FFFA	
MistyRose	#FFE4E1	
Moccasin	#FFE4B5	
NavajoWhite	#FFDEAD	
Navy	#000080	
OldLace	#FDF5E6	
Olive	#808000	
OliveDrab	#6B8E23	
Orange	#FFA500	

名前	16進表現	色
OrangeRed	#FF4500	
Orchid	#DA70D6	
PaleGoldenrod	#EEE8AA	
PaleGreen	#98FB98	
PaleTurquoise	#AFEEEE	
PaleVioletRed	#DB7093	
PapayaWhip	#FFEFD5	
PeachPuff	#FFDAB9	
Peru	#CD853F	
Pink	#FFC0CB	
Plum	#DDA0DD	
PowderBlue	#B0E0E6	
Purple	#800080	
Red	#FF0000	
RosyBrown	#BC8F8F	
RoyalBlue	#4169E1	
SaddleBrown	#8B4513	
Salmon	#FA8072	
SandyBrown	#F4A460	
SeaGreen	#2E8B57	

名前	16 進表現	色
Seashell	#FFF5EE	
Sienna	#A0522D	
Silver	#C0C0C0	
SkyBlue	#87CEEB	
SlateBlue	#6A5ACD	
SlateGray	#708090	
Snow	#FFFAFA	
SpringGreen	#00FF7F	
SteelBlue	#4682B4	
Tan	#D2B48C	
Teal	#008080	
Thistle	#D8BFD8	
Tomato	#FF6347	
Turquoise	#40E0D0	
Violet	#EE82EE	
Wheat	#F5DEB3	
White	#FFFFFF	
WhiteSmoke	#F5F5F5	
Yellow	#FFFF00	
YellowGreen	#9ACD32	